U0594187

氧化石墨烯在页岩陶粒高强轻质混凝土中的应用研究

洪晓江　著

中国水利水电出版社
www.waterpub.com.cn
·北京·

内 容 提 要

本书简要介绍了高强轻质混凝土、页岩陶粒和氧化石墨烯的应用研究现状，以陶粒和陶砂为粗细骨料配制了高强轻质混凝土，通过一系列试验详细分析了不同添加量的氧化石墨烯对高强轻质混凝土工作性能、力学性能、耐久性能和干燥收缩性能等宏观性能的影响。基于高强轻质混凝土的干燥收缩试验数据，对比分析了常见的干燥收缩模型的适用性和准确性，并提出了氧化石墨烯含量影响系数的 ACI 209（1992）修正模型。结合压汞仪测试和扫描电镜测试结果，较为全面地分析了氧化石墨烯对高强轻质混凝土的孔隙结构和微观形貌的影响。

本书内容丰富，系统全面，可供土木工程、建筑工程、水利工程和交通运输工程等专业从事水泥混凝土材料设计、施工和管理工作的广大技术人员，以及科研院所的科技人员和高等院校相关专业的师生参考使用。

图书在版编目（CIP）数据

氧化石墨烯在页岩陶粒高强轻质混凝土中的应用研究/
洪晓江著. -- 北京：中国水利水电出版社，2024.4（2024.11 重印）
ISBN 978-7-5226-2452-5

Ⅰ．①氧… Ⅱ．①洪… Ⅲ．①石墨烯－应用－陶粒混凝土－制备－研究 Ⅳ．①TU528.2

中国国家版本馆CIP数据核字（2024）第091860号

策划编辑：寇文杰　　责任编辑：张玉玲　　加工编辑：刘瑜　　封面设计：苏敏

书　　名	氧化石墨烯在页岩陶粒高强轻质混凝土中的应用研究 YANGHUA SHIMOXI ZAI YEYAN TAOLI GAOQIANG QINGZHI HUNNINGTU ZHONG DE YINGYONG YANJIU
作　　者	洪晓江　著
出版发行	中国水利水电出版社 （北京市海淀区玉渊潭南路 1 号 D 座　100038） 网址：www.waterpub.com.cn E-mail: mchannel@263.net（答疑） 　　　　sales@mwr.gov.cn 电话：（010）68545888（营销中心）、82562819（组稿）
经　　售	北京科水图书销售有限公司 电话：（010）68545874、63202643 全国各地新华书店和相关出版物销售网点
排　　版	北京万水电子信息有限公司
印　　刷	三河市德贤弘印务有限公司
规　　格	170mm×240mm　　16 开本　　12.5 印张　　203 千字
版　　次	2024 年 4 月第 1 版　　2024 年 11 月第 2 次印刷
定　　价	78.00 元

前　言

相比普通混凝土，高强轻质混凝土在超高层建筑物、大跨度桥梁和深海平台等大型结构建设中展现出了无可比拟的优势。近几年，高强轻质混凝土的需求量日益扩增。随着科学技术和生产技术的发展，对高强轻质混凝土的性能需求也与时俱进。高强轻质混凝土不仅要保证轻质量高强度，更要兼顾良好的耐久性能和干燥收缩性能。为了实现资源可持续和环境保护的协调发展，国家近年来陆续出台了相关政策，提倡混凝土应逐渐达到"绿色""低碳"的要求。但是，由于强度有限和脆性大等，高强轻质混凝土的性能有待进一步提高。为了弥补上述缺点和进一步提高高强轻质混凝土的综合性能，纳米材料的使用为此提供了一条新的道路。

纳米材料白研发以来一直受到水泥和混凝土行业的极大关注，通过近几年的广泛研究，纳米材料用于改善混凝土性能已经取得了诸多成果。氧化石墨烯是一种最为典型且具有二维结构的纳米材料。氧化石墨烯除了具备其他纳米材料具备的"纳米效应"外，其特有的含氧官能团还能帮助混凝土获得更优异的力学性能和耐久性能。随着氧化石墨烯在混凝土中研究的深入和氧化石墨烯制造成本的降低，氧化石墨烯在混凝土领域的应用前景必将变得更加广阔。但是，氧化石墨烯在混凝土中的运用目前仍处于初期探索阶段，研究内容以力学性能为主，研究方法注重宏观层面，许多增强机制仍需进一步的研究和验证，特别在高强轻质混凝土中的研究几乎没有。

本书紧紧围绕氧化石墨烯对页岩陶粒高强轻质混凝土的工作性能、力学性能、耐久性能、干燥收缩性能和微观机理等方面的影响开展试验研究。全书共分 8 章，主要内容包括：研究以减水剂为活性剂的氧化石墨烯分散液制备工艺，对比不同含量氧化石墨烯的分散效果，设计相应的混凝土拌合物制备工艺，配制等级为LC60 的高强轻质混凝土；通过坍落度试验对工作性能进行研究，得出氧化石墨烯对高强轻质混凝土工作性能的影响规律；通过抗压强度试验、抗折强度试验、劈裂抗拉强度试验和抗压弹性模量试验对力学性能进行研究，得出氧化石墨烯对高强轻质混凝土力学性能的影响规律，利用比强度、折压比、拉压比等特征参数对力学性能进行评价，并对抗折强度、劈裂抗拉强度和抗压弹性模量计算公式进行研究，以抗压强度试验数据为变量，分别对比分析目前常用抗折强度、劈裂抗拉强度和抗压弹性模量计算公式的预测精度；通过抗氯离子渗透试验、抗硫酸盐侵蚀试验、抗冻试验和抗碳化试验对耐久性能进行研究，得出氧化石墨烯对高强轻质混凝土耐久性能的影响规律；通过干燥收缩试验对干燥收缩性能进行研究，得出氧化石墨烯对高强轻质混凝土干燥收缩性能的影响规律，重点对比分析常见的干燥收缩模型对于高强轻质混凝土干燥收缩预测的适用性，并提出含有氧化石墨烯含量影响系数的 ACI 209（1992）修正模型；通过压汞仪测试方法和扫描电子显微镜测试方法较为全面地分析氧化石墨烯对高强轻质混凝土孔隙结构和微观形貌的影响，从微观机理角度分析高强轻质混凝土宏观性能变化的原因。

本书是根据西昌学院博士科研启动项目"含氧化石墨烯轻质高强混凝土力学性能研究"（YBZ202144）的研究成果，结合作者及其研究团队近年来的研究成果撰写而成。

本书在编写过程中，参阅了大量的相关专著和文献，在此向有关专家和作者致以诚挚的谢意！由于编写时间仓促，作者的经验和水平有限，书中难免存在不妥之处，恳请读者和专家批评指正。

作者

2023 年 8 月

目　　录

第 1 章 绪 论

1.1 研 究 背 景

混凝土是目前应用最为广泛、使用量最大的人造建筑材料，因具有性能良好、施工方便、取材丰富和成本低廉等优点，被大规模应用于土木、市政、港口和水利等工程结构中。目前我国混凝土每年的消耗量均超过 100 亿吨，并且在持续增长。随着经济的不断高速发展和城市化进程的不断加速，现代建筑正逐步向超高层、大跨度以及装配式方向发展。普通混凝土因为强度有限、自重大、韧性差和易开裂等缺点，难以满足现代建筑发展的迫切需求。大量的超高层建筑、跨海大桥和深海平台的不断兴起势必会对传统的混凝土提出更多更高的新要求和标准。顺应这一趋势，国内外的科研工作者尝试制造出满足各类性能需求的轻集料混凝土，比如保温轻集料混凝土、结构保温轻集料混凝土和结构轻集料混凝土等[1]。这些尝试均获得了突破性的成果，并在工程实践中得到广泛成功的应用。各种新型轻集料混凝土的成功应用不仅改变了对传统混凝土中的天然砂石的依赖从而实现了资源的可持续发展，而且改善了混凝土在特殊结构以及恶劣环境中的适应性。

工业和信息化部等四部门于 2022 年发布了《建材行业碳达峰实施方案》，方案提出，在"十四五"期间，水泥熟料单位产品综合能耗水平降低 3%以上。到"十五五"期间，建材行业绿色低碳关键技术产业化实现重大突破，基本建立绿色低碳循环发展的产业体系。国务院发布的《2030 年前碳达峰行动方案》中对于建材行业提出了"加强新型胶凝材料、低碳混凝土木竹建材等建材产品研发应用"的目标。2022 年，混凝土行业消纳工业固废与建筑垃圾近 10 亿吨。基础设施建设的蓬勃发展势必消耗大量的普通混凝土，这不仅会导致自然资源的枯竭，也会对环境产生严重污染。除此之外，在建设过程中会产生大量的页岩弃土，若不加以利用，不仅占用土地消耗资源，而且对生态造成不利的影响。随着科技水平和制作工艺的提高，页岩被视作制备高强度陶粒的理想原材料之一，并可以进行规模化生产。用陶粒替代碎石不仅解决了混凝土"自重大"的难题，更有利于环境与社会的可持续发展。利用页岩陶粒生产结构轻集料混凝土弥补了普通混凝土的诸多缺陷，使其在超高建筑、大跨度桥梁、深海平台以及装配式建筑方面有广阔的应用前景[2]。近几年，建材行业通过产业结构优化，使轻集料混凝土产业发展迅速，正在形成新型的产业优势。

混凝土作为具有微观、细观和宏观的多尺度特征的复合材料，其原材料组成和微观特征制约着宏观特性。它的尺度特征主要包含：水泥水化产物和胶凝材料形成微观结构；水泥和细集料组成的水泥浆体形成细观结构；水泥砂浆和混凝土粗骨料形成宏观结构[3]。而混凝土的破坏往往是从内部微小裂缝不断发展到宏观裂缝，这主要表现为混凝土从微观结构到宏观结构的体积变化。基于此理论，专家学者尝试利用各类多尺度纤维材料以进一步提高混凝土的力学性能、耐久性能、延性和韧性。

（1）宏观尺度。钢纤维是宏观尺度上用于增强混凝土力学性能的常用材料，具有成本低、易制造和性能高的优点。在混凝土搅拌过程中加入低体积分数的不连续的钢纤维，增强了水泥砂浆和钢纤维之间的黏结性能，一定程度上减少了混凝土界面过渡区上的微裂缝，从而改变了混凝土内部结构，提升了混凝土力学性能。孙雪伟等人[4]对比分析了体积分数为0%、1%和2%的钢纤维对普通混凝土性能的影响，研究结果表明：钢纤维加入会使普通混凝土的坍落度有所降低，但是抗压强度和劈裂抗拉强度分别增长了68%和25.5%。Shafigh等人[5]在油棕壳（oil palm shell，OPS）轻集料混凝土中加入低体积分数（小于1%）的钢纤维，发现增加了峰值应力对应的应变能力，从而使OPS轻集料混凝土变得更有韧性。除此之外，还对比分析了不同养护方案下的抗压强度，发现钢纤维可以降低OPS轻集料混凝土对不良养护环境的敏感性。

（2）细观尺度。人们从细观尺度上去改善水泥基材料的性能，主要是利用合成纤维，比如聚丙烯、尼龙和聚乙烯。其中，聚丙烯纤维的化学性能稳定，抗拉强度较高，拉伸变形能力较强，且与水泥砂浆之间结合牢固，对增强混凝土的疲劳韧性和抗冲击性有重要功效。聚丙烯纤维主要是通过消除或减少原生裂缝的数量和尺度，增强了混凝土的阻裂效应，从而有效制约了早期混凝土的塑性收缩[6]。唐秀明[7]在高性能混凝土中加入聚丙烯纤维，发现加入体积分数为0.9%聚丙烯纤维的高性能混凝土在疲劳特性、抗冻抗折强度、抗渗等方面都有很大的提高，说明聚丙烯纤维可以大幅度提高混凝土韧性。同时，Alhozaimy等人[8]研究发现掺入体积分数为0.3%的聚丙烯纤维能使混凝土的抗弯韧性和抗冲击性能分别提高约3.9倍和1.7倍。

（3）微米尺度。碳酸钙晶须是以石灰石为原材料，在低温及水相条件下反应得到的，它是以单晶形式生长的形状类似于短纤维的须状单晶体，但尺寸远小于短纤维。研究表明，碳酸钙晶须的强度和模量接近于完整晶体材料的理论值，且具有高强度、高模量、优良的耐热与隔热性能，是一种应用前景广阔的微纤维增强材料。晶须在混凝土中通过"裂纹偏转"和"裂纹桥联"效应改善了水泥基材料的微观结果，实现了增强增韧效果[9]。金光淋等人[10]证实了碳酸晶须的掺入量和水泥砂浆的抗折强度、抗压强度均存在良好的非线性拟合关系。当掺入量分别为5%和10%时，抗压强度和抗折强度分别达到最大值。

（4）纳米尺度。研究表明，混凝土中的水泥颗粒的粒径一般为7～200μm，而水泥浆体中的水化硅酸钙（3CaO·2SiO$_2$·3H$_2$O，简写为C-S-H）具有纳米结构。通过高分辨率电子显微镜观察到在养护初期混凝土中存在着粒径小于5nm的C-S-H凝胶纳米晶区，这些晶区随着养护龄期增加会不断生长，当龄期为7d时平均粒径约为10nm。混凝土具备的纳米特性，为使用纳米材料增强混凝土性能奠定了基础。纳米材料自问世就备受关注，目前已经广泛应用于医疗、化工、军工等行业，被誉为"21世纪最有前途的材料"。纳米材料是指颗粒粒径在纳米级尺度（1～100nm）范围内的超细材料，其尺寸介于原子簇和宏观粉体之间，它具有较大的比表面积，具备高强度、高韧性和高比热等性能。随着纳米技术制备工艺的发展，纳米材料在混凝土中的运用也受到了广泛研究和探索，其在调节混凝土的微观结构、力学性能和耐久性能方面展现出了其他纤维材料不可比拟的优势。纳米材料目前被广泛用于水泥基复合材料的性能增强方面，图1-1[11]所示为目前常用的纳米材料与水泥基组成材料粒径大小分布，不同尺度的纳米材料改善水泥基复合材料的机理和作用不同。

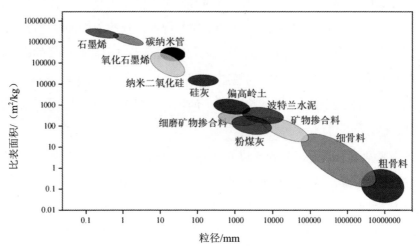

图 1-1　目前常用的纳米材料与水泥基组成材料粒径大小分布

1.2　高强轻质混凝土

1.2.1　高强轻质混凝土的定义

高强轻质混凝土是在轻集料混凝土基础上发展而来的。我国《轻集料混凝土技术规程》中的轻集料混凝土是指用轻粗集料、轻砂（或普通砂）、水泥和水配制而成的混凝土，轻质混凝土的强度有限。高强轻质混凝土主要是利用高强轻粗集料、轻砂（或普通砂）、水泥和水制配而成的结构轻集料混凝土。许多国家颁布了相应的标准，对"轻质"和"高强"作了明确的规定。对于"轻质"而言，我国《轻集料混凝土技术规程》（JGJ 51—90）中规定的是密度不大于 1950kg/m^3，美国和德国分别规定的上限为 1840kg/m^3 和 2000kg/m^3。随着时代的发展和材料的不断更新，对强度的需求不断增高，因而"高强"的定义也在不断更新。20 世纪 30 年代，开始了人造轻集料的生产，轻集料混凝土等级能达到 LC20～LC30，且抗压强度在 20MPa 以上的轻集料混凝土即被认为高强轻质混凝土。20 世纪 50 年代，减水剂的出现加快了混凝土工艺的发展，30MPa 被规定为高强轻质混凝土抗压强度的下限。20 世纪 70 年代，高强轻集料的生产技术得到快速发展，结构轻集料混凝土广泛用于高层建筑物、大跨度桥梁和深海平台等大型建筑。目前，28d 抗压强度大于或等于 40MPa 的轻集料混凝土被称为高强轻质混凝土。Mehta[12]将密度不大于 1850kg/m^3、28d 抗压强度为 34～79MPa 的混凝土定义为高强轻质混凝土。

1.2.2　高强轻质混凝土优缺点

1. 优点

与普通混凝土相比，轻骨料的使用改善了混凝土的诸多性能。综合相关资料的结论，高强轻质混凝土的优点主要归纳为以下几个方面。

（1）质量轻强度高，具有较高的比强度。高强轻质混凝土的表观密度一般为 1560～1950kg/m^3，比普通混凝土减小了 20%～40%，而强度可以到达或超过普通混凝土的强度。但是，高强轻质混凝土的比强度明显高于普通混凝土，在高层建筑或者大跨度桥梁建设中，可以减轻结构自重，降低基础荷载，降低材料和运输成本，为工程建设带来十分可观的经济效益。

（2）体积稳定性好。研究表明，在同等水泥用量的条件下，粗集料的多孔特征赋予它较好的隔热性能、保温性能，较低的弹性模量和膨胀系数，这些优良特性使得高强轻质混凝土在因早期水化热或后期干燥收缩引起的收缩应力都低于普通混凝土。

（3）抗震性能好。由于轻骨料的弹性模量小、变形性能好，使高强轻质混凝土获得更优的抗震性能，这有利于提高建筑物的抗震性能。在地震作用下，采用高强轻质混凝土修建的建筑物承受的地震力较小，建筑结构对冲击波的能量吸收快，抗震效果显著。

（4）综合效益好。一方面，采用高强轻质混凝土可以使结构物自重降低，从而控制了原材料和运输成本。由于上部自重降低，基础承载力需求减弱，从而控制了基础处理的成本。另一方面，目前生产的轻骨料大多采用工业废料或者废弃土体，节约了能源，实现了资源的可持续利用，带来了良好的社会效益和生态效益。

2. 缺点

轻集料的强度低、弹性模量小、多孔等特征决定了高强轻质混凝土工作、力学等性能存在不足，主要表现为以下几个方面。

（1）吸水率较大。轻集料内部为多孔结构，吸水率明显高于普通粗集料。不同类型的轻集料由于孔隙率不一样，吸水率也存在差别。由于轻集料能为混凝土提供"储水"系统，因此不同吸水率的轻集料对混凝土的工作性能影响较大。

（2）脆性较大。混凝土的应力-应变曲线下降段越陡表示混凝土的脆性越大。研究表明，高强轻质混凝土相比普通混凝土有更加显著的下降段，说明它的脆性特征更显著。并且，随着强度等级的提高，脆性特征越明显。

（3）干燥收缩显著。影响混凝土干燥收缩的因素较多，但是对于相同的水泥用量和养护环境，混凝土结构的孔隙率越高，干燥收缩越显著，越容易引起混凝土开裂。

（4）弹性模量小。混凝土的弹性模量取决于原材料的弹性模量和体积百分比。相比普通粗集料，轻集料的弹性模量较小，所以同等级强度的高强轻质混凝土的弹性模量明显低于普通混凝土。

1.2.3　高强轻质混凝土研究进展

在轻集料混凝土发展的初期，主要以天然的轻集料为骨料，混凝土的强度等级普遍偏低，主要用于制作保温墙体。随着各个国家不断研发出各类高强度轻集料，加快了高强轻质混凝土技术的发展步伐。

在我国，一方面为了解决对自然资源的过度开发和使用，另一方面为了减少废料堆积占用土地和对环境造成污染，政府积极出台相关政策鼓励利用工业废弃物制备新型的高强轻质混凝土。周州[13]用烧结粉煤灰陶粒作为粗骨料，并用不同比例的一级粉煤灰和超细粉煤灰代替水泥，制备了强度等级标准为 LC50 的高强轻质混凝土。力学性能试验结果表明：相比同等配合比的普通混凝土，烧结粉煤灰制备的高强轻质混凝土略有损失，但是工作性能得到了改善。冻融循环试验和硫酸盐侵蚀试验结果均表明：掺入超细粉煤灰能有效改善高强轻质混凝土的耐久性，这主要是因为混凝土内部无害孔得到有效降低。周敏[14]以尾矿、煤矸石和粉煤灰等废料制作的陶粒为骨料配制出了抗压强度可以达到 40MPa 且具有良好保温隔热性能的高强轻质混凝土。仇心金[15]以污水处理厂的污泥、河道淤泥等原材料按照适当比例烧制而成的污泥陶粒配制出了高强轻质混凝土，并在楼改造项目中取得可观的经济效益。污泥陶粒不仅具有质轻、高强和高保温等优势，而且实现了节能减排、保护环境的可持续绿色发展理念。浮石是由融化的火山物质经过突然冷却固化形成的具有多空结构的火山渣，其密度小、强度较低。一般情况下，以浮石制成的轻集料混凝土的强度较低。郭玉娟等人[16]以浮石作为骨料仍可以配制出高强轻质混凝土，并且表明强度受水胶比的影响最为明显。

为了实现环境与经济的协调发展，国外学者充分利用当地废弃资源开展了关于高强轻质混凝土的许多研究。油棕榈锅炉熟料（oil-palm-bolier clinker）是马来西亚棕榈油工业化生产中大量生产的一种农业固体废料，Chai等人[17]以油棕榈锅炉熟料为骨料生产出了密度为 $1875\sim1995kg/m^3$、抗压强度为 $50\sim60MPa$ 的高强轻质混凝土，并且证实了在全水养护和自然风干状态下的抗压强度相当，说明油棕榈锅炉熟料生产的高强轻质混凝土对缺乏养护条件下的施工不敏感。伊朗学者 Sajedi 等人[18]以膨胀性黏土为骨料制造出密度为 $1610\sim1965kg/m^3$、抗压强度为 $34\sim67MPa$ 的高强轻质混凝土，并且发现膨胀性黏土的粒径分布以及含量对高强轻质混凝土的密度和抗压强度有重要影响。研究表明，使用细度较高的膨胀性黏土，高强轻质混凝土的密度和抗压强度均会得到提高。土耳其学者 Tandiroglu[19]以当地的原材料珍珠岩为粗骨料设计了三种不同水灰比的高强轻质混凝土，当水灰比为 0.5 时性能最佳，此时的高强轻质混凝土的密度为 $1816\sim1875kg/m^3$，抗压强度为 $63\sim80MPa$。除此之外，珍珠岩给高强轻质混凝土带来了良好的热绝缘性。

与普通混凝土相比，高强轻质混凝土不仅能保持较高的强度，还能使混凝土的自重降低 20% 以上，具有显著的比强度。这一优势使其在结构恒载大、强度要求高的大型建筑中展现出强有力的市场竞争力[20]。经过多年研究和实践，高强轻质混凝土已经在国内外的工程建设中取得了诸多成果。目前，利用高强陶粒生产的密度等级为 $1600\sim1900kg/m^3$、强度等级为 LC30 以上的结构轻集料混凝土在世界各国得到广泛应用[21]。

美国是最先开始研究轻骨料混凝土的国家，1913 年，美国首次制造出人造轻骨料。20 世纪五六十年代，轻骨料混凝土用于桥梁建设达到了高峰期，平均每年约 17 座。1987 年，挪威将强度等级为 LC60 的高强轻质混凝土应用在 Raftsundet

大桥建设。该桥为四跨连续刚构桥,最大跨径为 298m。为了减轻自重,设计者将 298m 主跨中部的 224m 采用高强轻质混凝土浇筑,5m 长的高强轻质混凝土节段箱梁的自重与 4m 长的普通混凝土节段箱梁自重接近。相比普通混凝土,高强轻质混凝土桥梁的耐久性更加优良。20 世纪 50 年代,我国开始了对高强轻质混凝土的应用研究。1958 年,北京建成了我国第一栋轻骨料混凝土建筑。该建筑的建成,为我国高强轻质混凝土的应用发展打下了坚实基础。2000 年,我国天津修建的永定新河大桥南北引桥使用的连续箱梁结构采用密度等级为 1900kg/m³、强度等级为 LC40 的高强轻质混凝土进行浇筑,桥面铺装也采用轻骨料混凝土,桥梁总造价相比原设计减少了 10%左右。2002 年,在昆明境内软土地基上修建了一座强度等级为 LC45 的框架结构建筑,这是我国将高强轻质混凝土应用在软土地基工程建设中的典型成功案例。

1.3　页岩陶粒混凝土

1.3.1　页岩陶粒特征及类型

页岩是黏土类矿产资源脱水胶结而成的具有高吸水率的岩石。1913 年,研究人员 S.J.Hayde 使用回转窑成功生产了页岩陶粒,从此页岩陶粒渐渐受到了人们的广泛关注。页岩陶粒主要是以页岩为原材料,掺入外加剂、黏结剂等,通过造粒、煅烧、冷却等工艺加工而成。随着陶粒制备技术的不断发展和成熟,陶粒的生产在国内得到了快速发展。到 2005 年,陶粒行业的产值已超过 400 万 m³,行业需求量逐渐在增大。页岩陶粒外表有一层致密坚硬的外壳、内部存在大量蜂窝结构的微孔。这种结构体系不仅保持了轻质,还有具有较高的强度,能替代传统粗集料来减轻质量,是生产高强轻质混凝土的主要原材料。目前常用的页岩陶粒有以下几种类型。

（1）高强页岩陶粒[22]。高强页岩陶粒主要是以页岩或者废弃页岩弃土作为主要原材料制备的陶粒,具有强度高、体积稳定性好、耐久性良好等特点。近几年,我国基础设施建设进入高速期,在大面积开挖岩体时也形成了大量的页岩弃土。这些弃土若不加处置，一方面会占用大量土地用于堆放，另一方面会污染环境和破坏生态，正好可以利用这些弃土生产高强页岩陶粒。

（2）高强硼泥页岩陶粒[23]。硼泥是生产硼砂时产生的废弃物。利用硼泥和复合页岩代替黏土可制备出一种筒压强度为 6.7MPa 的新型陶粒，高强轻质混凝土的等级可达到 LC60。

（3）污水污泥陶粒[24]。污水污泥的含水率一般为 80%，干燥过程复杂，难以直接烧制成形为陶粒。利用页岩和污水污泥混合烧制陶粒，这样污水污泥可以在一定程度上提高陶粒的烧胀性能。另外，污水污泥的重金属在高温烧制时会反应形成铝硅酸盐从而优化陶粒性能。

（4）超轻页岩陶粒[25]。超轻页岩陶粒是将品质优良的页岩陶粒经过破碎、高温煅烧使其膨胀，形成内部孔隙均匀、表面光滑的轻质颗粒，是优良的保温填料、吸附材料和耐火材料。

1.3.2　高强页岩陶粒技术指标

高强页岩陶粒是指强度标号不低于 25MPa、吸水率不超过 8%的结构用轻粗集料，其他技术指标见表 1-1。

表 1-1　高强页岩陶粒的技术指标

密度等级/（kg/m³）	筒压强度/MPa	强度标号/MPa
600	4.0	25
700	5.0	30
800	6.0	35
900	6.5	40

1.3.3　页岩陶粒混凝土的研究现状

与同等强度的普通混凝土进行对比，页岩陶粒混凝土的自重可降低 20% ～ 25%。此外，页岩陶粒的孔隙结构使页岩陶粒混凝土在保温、隔音和耗能方面具有优势。国外较早开始利用页岩陶粒进行高强轻质混凝土生产的研究，获得了突出的成果。受限于高强页岩陶粒生产技术，刚开始我国生产的陶粒质量较差，主要存在吸水率高、筒压强度低、级配差等问题。近几年随着结构轻质混凝土的需求量不断增大给高强轻集料带来了巨大发展，轻集料混凝土的生产水平已与国外相当。

郑秀华等人[26]研究了陶粒预湿的时间对高强轻质混凝土强度的影响。随着预湿时间的增加（0～2h），高强轻质混凝土早期强度逐渐降低，后期强度会快速提升。这主要是因为预湿处理过程导致在早期陶粒和水泥浆之间的界面过渡区的黏结力下降；在后期，当水泥浆体相对湿度低于骨料相对湿度时，骨料中的水分会被释放出来，在混凝土内部起自养护作用，加速水泥水化，使界面区水泥充分水化。页岩陶粒预湿程度的增加提高了混凝土的自固化能力。另外，高强轻质混凝土的早期强度高于普通混凝土。

Yang 等人[27]研究发现页岩陶粒混凝土具有较好的抗冻性能，经 100 次冻融循环后，其自重和强度损失很小。随着陶粒预湿时间的延长，其抗冻性上升，随着水灰比的增大，抗冻性下降。这也是源于陶粒内部多孔结构提供的内养护功能。当水泥浆中的相对湿度小于陶粒中的相对湿度时，陶粒中的水分会逐渐释放出来，在混凝土内部起到自我维持的作用，使陶粒间的水泥水化更加充分，使硬化后的水泥浆体结构更加致密，这对提高混凝土的抗冻性有很大的好处。

Wu 等人[28]探讨了页岩陶粒混凝土在冻结施工过程中的强度变化规律，将部分试件置于不同低温下的低温箱中进行养护，其余试件作为对照组进行标准养护。结果表明：页岩陶粒混凝土具有比普通混凝土更强的抗冻性，且强度增长对养护温度敏感；随着养护温度的降低，抗压强度和抗拉强度的增长速率变慢。另外，动态力学试验表明：经标准养护后的低温处理，页岩陶粒混凝土的强度得到了显著提高。

Hou 等人[29]从工业废弃物中提取的一种多孔、高强度的人工轻质页岩陶粒（artifical lightweight shal ceramsite，ALSC），以此为粗骨料用于制作轻骨料喷射混凝土。ALSC 主要由页岩和其他工业废料制成，是一种用于制造绿色轻集料混凝土的绿色建筑材料，具有自重小、保温性好、节能性好、抗震性能好等特点。由 ALSC 制成的绿色轻集料混凝土已应用于不同类型的工业建筑和基础设施，包括保温管道、隔热屏障或隔音屏障、高层建筑和大跨度桥梁。

1.4　氧化石墨烯

纳米材料是尺寸在纳米尺度范围内的材料，其性能在很多方面与传统材料有所不同。纳米材料因其具有良好的尺寸效应、机械性能、光学性能、磁性能和电子性能等，自研发以来，一直深受各个领域的广泛关注。近几年，纳米材料实现了对水泥基材料自上而下的微观结构设计，在纳米、微米尺度上改善水泥基材料，从而实现对宏观性能的调控。需要注意的是，纳米材料的性能受到其组成、结构、制备方法等因素的影响。不同的纳米材料可能表现出不同的性能特点，并且这些特点可能在不同的应用中发挥作用。因此，纳米材料在水泥基材料中的研究和优化是一个非常活跃的领域。总的来说，目前用于提升水泥基材料性能的纳米材料从维度上划分为以下三类。

（1）零维纳米材料（纳米颗粒）。在混凝土领域研究较早的纳米材料多为纳米颗粒，其中以纳米 SiO_2 研究最为广泛[30]。相比硅灰、粉煤灰等粒径大的材料，纳米 SiO_2 在密实孔隙、填充裂缝等方面效果更佳。除此之外，还能从微观上调整晶体形态、促进水泥水化作用。

（2）一维纳米材料。它是指在一个维度上呈现出纳米尺度，而在其他两个维度具有宏观尺度的材料，以碳纳米管（carbon nanotubes，CNTs）研究最为广泛[31]。研究表明，碳纳米管不仅可以提高水泥基材料的力学性能，而且在提供混凝土韧性和防止开裂方面具有显著效用。

（3）二维纳米材料。它是指在两个维度上具有纳米尺度，而在第三个维度上具有宏观尺度的材料，以氧化石墨烯（graphene oxide，GO）研究最为广泛[32]。氧化石墨烯是具有薄片状的纳米材料，不仅能更好地密实孔隙和填充裂缝，而且能通过模板效用更好地调节晶体形态。因此，氧化石墨烯是更为理想的改善水泥基材料性能的纳米材料。目前，氧化石墨烯的制备、分散以及对水泥基材料力学性能和耐久性能的影响的研究仍处于探索阶段。

1.4.1　氧化石墨烯的结构与性质

氧化石墨烯的研究始于 2004 年，安德烈·海姆（Andrei Geim）和康斯坦丁·诺沃肖洛夫（Konstantin Novoselov）两位科学家采用了一种简单而创新的方法来获得石墨烯。他们使用普通的胶带，先将其粘在一块石墨上，然后反复剥离胶带。在这个过程中，由于胶带与石墨表面的相互作用，可以逐渐将石墨薄片剥离至极薄的层。经过多次剥离，成功地获得了只有一个原子层厚度的石墨薄片，也就是后来被称为石墨烯的材料。紧接着对石墨烯进行氧化处理，通过化学氧化方法在石墨烯表面引入了氧原子，从而形成了氧化石墨烯。石墨烯是由单碳原子以六边形晶格排列形成的二维网状结构材料，如图 1-2 所示[33]。经过氧化还原处理后，石墨烯表面引入了大量的含氧官能团，包括羟基（—OH）、环氧基（—O—）和羧基（—COOH）等，羟基和环氧基主要分布在碳原子层上下表面，羧基分布在原子层边缘，如图 1-3 所示[33]。这些含氧官能团覆盖在碳原子的表面，使原始晶格结构发生了改变，从而使氧化石墨烯呈现出更好的化学反应活性、亲水性和分散性。尽管对氧化石墨稀已经有了多年的研究，但是确定它准确的化学结构仍存在争议。另外，氧化石墨烯的含氧量决定了官能团的含量和分布，这对氧化石墨烯提升水泥基材料的力学性能变化有显著影响。

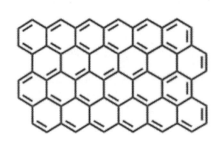

图 1-2　石墨烯结构

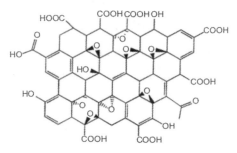

图 1-3　氧化石墨烯结构

含氧官能团不仅能减弱氧化石墨烯薄板之间的范德华力，而且能提高其亲水性能，使得氧化石墨烯具备在水溶液中均匀分散的能力。氧化石墨烯也具有同石墨烯类似的吸附性、半导体性和负电性。除此之外，单层的氧化石墨烯的纵向尺寸在 0.7～1nm 之间，而横向尺寸在数百纳米到数百微米之间，赋予了其较大的长宽比和比表面积。力学性能方面，氧化石墨烯的弹性模量和抗拉强度分别为 32GPa 和 130MPa，优于胶凝材料的性能。这些性能使氧化石墨烯广泛用于光电、医药、生物、聚合物改性和建筑材料等领域。

1.4.2　氧化石墨烯的制备

制备氧化石墨烯的关键环节是将石墨放在强酸、强氧化剂条件下进行氧化形成氧化石墨。这一过程中由于含氧官能团减弱了石墨片层间的范德华力，增大了层间距，从而撑开了石墨片层。接着，将氧化石墨烯分散于水或有机溶剂中进行超声分散从而剥离成单层或者少数几层的氧化石墨烯。制备氧化石墨的方法主要有以下四种。

（1）Brodie 法[34]。Brodie 法分别采用发烟硝酸与高氯酸钾作为强酸和强氧化剂，将反应温度控制为约 0℃，搅拌反应 24h，过滤洗涤产物至滤液接近中性。该方法所得的产物氧化程度较低，需反复操作才可得到含氧量较高的氧化石墨烯。另外，高氯酸钾在使用过程中有一定的危险性。

（2）Staudenmaier 法[35]。Staudenmaier 法利用浓硫酸和发烟硝酸组成的混合强酸体系，以高氯酸钾作为氧化剂，将反应温度控制约为 0℃，搅拌反应一段时间，过滤洗涤产物至滤液接近中性。该方法的氧化程度由搅拌时间来控制，但是这样也会严重破坏氧化石墨烯的碳层，加之高氯酸钾在使用过程中有一定的危险性，因此，该方法在实际生产中已很少使用。

（3）Hummers 法[36]。Hummers 法利用浓硫酸和硝酸钠组成的混合强酸体系，以高锰酸钾作为强氧化剂，将反应温度控制约为 0℃，反应结束后用 H_2O_2 溶液还原过量的高锰酸钾和产生的二氧化锰，过滤、离心洗涤至产物上层清液接近中性。该方法的优点为：反应条件温和，氧化时间短、氧化程度高、氧化产物结构规整；用高锰酸钾作为强氧化剂降低了试验的危险。但是，以浓硫酸和硝酸钠组成的混合强酸体系在反应中会产生有毒性且污染环境的氮氧化物。

（4）改进的 Hummers 法[37]。改进的 Hummers 法的整个反应过程分为低温、中温和高温三个阶段。在低温阶段，将石墨加入 0℃的浓硫酸中，接着加入高锰酸钾氧化处理。通过氧化处理，石墨边缘间距增大，硫酸氢根离子和硫酸根离子逐渐插入石墨层间。在中温阶段，随着石墨不断地氧化，部分碳六元环被破坏，混合液逐渐呈现褐色。在高温反应阶段，加入浓硫酸到混合液中。浓硫酸遇水会产生大量热量致使混合液温度上升。在高温下硫酸插层石墨逐渐水解。水进入石墨层间并且水中的 OH⁻ 与碳原子结合，从而使石墨层间距被进一步撑开，造成体积膨胀。石墨层间距被撑开后便可通过超声处理使其剥离，从而得到稳定分散的氧化石墨烯。这一过程中不再添加硝酸钠，从而避免了氮氧化物的生成，而且得到的氧化石墨烯质量较好。改进的 Hummers 法是目前实验室与商业批量化制备氧化石墨烯最普遍的方法。

1.4.3　氧化石墨烯的分散

氧化石墨烯作为石墨烯衍生物，其表面含有许多含氧官能团，使氧化石墨烯具有良好的亲水性，能在水中高度分散。但一些学者发现带负电荷的氧化石墨烯薄片通过静电易与氢氧化钾、氢氧化钠等相互作用，导致在碱性环境下形成团聚体。水泥基材料正是偏碱性，而氧化石墨烯薄片的团聚会阻碍其改善水泥基材料性能的潜力，因此必须特别注意氧化石墨烯在高 pH 值水泥基体中的分散效果。许多学者尝试采用引入各类活性剂作为分散剂来实现氧化石墨烯在碱性环境下的均匀分散。

景国建[38]证实了氧化石墨烯直接加入水泥浆体中会产生严重的絮凝现象。通过氢氧化钙溶液模拟水泥水化后的碱性环境，在紫外分光光度计试验中发现，GO 在低浓度（30mg/L）的氢氧化钙溶液中会产生严重絮凝现象，而加入聚羧酸减水剂（polycarboxylate cuperplasticizer，PC）能有效阻止这一现象的出现。这是因为 PC 特有的分子结构能提供一定的空间位阻从而阻止 GO 分子相互团聚在一起。

Wang 等人[39]选用壬基苯醚（CO890）作为表面活性剂，按照 5:1 的比例和石墨烯进行超声分散处理形成分散液。CO890 是一种非离子型表面活性剂，其自身具有疏水基团（—CH₃）和亲水基团（—OH）。疏水基团附着在 GO 表面，亲水基团吸附在水中，从而提升了分散液结构的完整性和稳定性。

Zhao 等人[40]利用 PC 改善 GO 在碱性环境中的分散性。他们将 GO 和 GO 进行混合，并在 60℃的超声振动下制备了混合溶液（PC@GO）。通过对比试验发现，PC@GO 可以均匀分散在水泥膏的碱性溶液中，不聚集，存放 3 个月后仍保持稳定的分散性。另外，由于 PC 提供的空间位阻效应和静电排斥力，PC@GO 的掺入并不会降低新鲜水泥砂浆的流动性。

杜涛[41]分别以 PC、聚乙烯吡咯烷酮（Polyvinyl pyrrolidone，PVP）和 12-氨基十二酸作为活性剂对比分析了 GO 在水泥中分散的效果。试验结果表明：12-氨基十二酸会使 GO 分散液变得浑浊，并产生了较多褐色沉淀；PVP 则会使分散液有明显的分层现象，上层清液无色透明，下层则为沉淀的 GO；而含有 PC 减水剂的混合溶液无明显分层现象，分散较为均匀。

1.5 氧化石墨烯在水泥基材料中的应用研究现状

1.5.1 氧化石墨烯增强机理

基于氧化石墨烯特有的结构形式和性质，关于氧化石墨烯改善水泥基材料性能机理的研究也处于不断探索中。有关氧化石墨烯材料增强机理的研究结论大多基于微观形貌分析，主要表现为以下几种理论。

（1）纳米填充效应。混凝土硬化过程中水泥浆体会有孔隙生成，这些孔隙可能是由于原有的充水空间未被水化产物填充所形成的。孔隙越多，对混凝土的性能产生的副作用越明显。Meng 等人发现掺入石墨烯纳米片可以形成纳米填充效应，如图 1-4 所示[42]。从微观尺度不仅可以细化或者填充孔隙，减小了孔径和降低了孔隙率，提升了水泥基体的密实度；还可以改善微观结构和界面过渡区，加强了各组成材料之间的连接，产生桥接效应防止微裂纹产生，从而提高了混凝土的力学性能和耐久性能。

（a）   （b）

图 1-4   石墨烯纳米片（GNP）纳米填充效应

（2）模板效应。氧化石墨烯含有的含氧官能团能促进水泥水化作用，加速水化产物的形成，并能调整晶体结构形貌，形成有序的层状或者花状结晶体（图 1-5）。这些层状或者花状结晶体使水泥基材料的微观结构更加致密，从而使力学性能得到提高[43]。

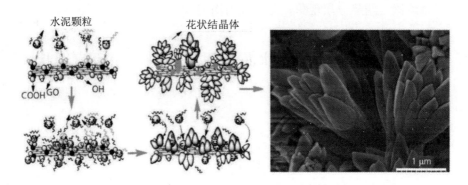

图 1-5　花状结晶体结构

（3）荷载传递效应。氧化石墨烯含氧官能团中的羧基与水泥水化产物相连接产生强烈的界面结合，形成强共价键。强共价键是一种特殊的空间互锁结构，能改善荷载从水泥基体传递到氧化石墨烯的效率，从而使力学性能得到提高。Pan 等人认为这种强共价键主要是羧基与水泥水化产物中的 C-S-H 和氢氧化钙 [Ca(OH)₂，CH] 之间的化学反应所形成，如图 1-6 所示[44]。

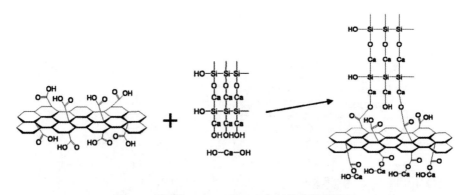

图 1-6　羧基与 C-S-H 和 CH 之间的化学反应

（4）晶核作用[45]。氧化石墨烯表面的官能团在水泥水化过程中为水化晶体提供了生长点，使得氧化石墨烯被赋予了水化晶体的"晶种效应"，促进了水化产物晶核的快速形成，更具晶体生长一般规律，晶核形成速度快，晶体生长速度慢，晶核数目多，最终形成小晶粒。邓丽娟等人对比分析了添加氧化石墨烯对混凝土晶体形貌的影响，如图 1-7 所示。图 1-7（a）所示为没有添加氧化石墨烯的水化产物晶体形貌，晶体杂乱无序，生长无规律。而图 1-7（b）和图 1-7（c）为添加了氧化石墨烯的晶体形貌，晶体之间相互紧密交织，晶体形貌生长有规律，且数量大幅增加。

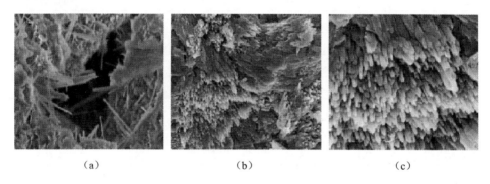

（a）　　　　　　　　　（b）　　　　　　　　　（c）

图 1-7　水化产物晶体形貌的对比

1.5.2　氧化石墨烯对力学性能的影响研究

氧化石墨烯在水泥基材料中的应用研究取得了诸多成果，表 1-2 列举了一些学者利用氧化石墨烯分别在水泥浆、砂浆和混凝土中提升力学性能的结果，充分证实了加入相对低质量比的氧化石墨烯能显著提高力学性能。一般情况下，随着氧化石墨烯含量的增加，力学性能先增加，逐渐达到最大值，随后提升并不明显，甚至会降低。因此，从提升性能和节约成本的角度出发，确定氧化石墨烯最优添加量也是该领域研究的重点问题。然而，氧化石墨烯最优添加量受原材料、水灰比、设计强度等因素影响，因此无法得到一个统一标准。除此之外，氧化石墨烯的添加还可以提高混凝土的弹性模量，表明其对混凝土的刚度和弹性特性具有积极的影响。一些研究表明，氧化石墨烯改性的混凝土的弹性模量可以提高 30%或更多。

表 1-2   氧化石墨烯提升水泥基材料力学性能的结果

水泥基材料类型	水胶比	GO 含量/%	抗压强度增长率/%	抗折强度增长率/%	文献
水泥浆	0.3	0.02	60.1	84.5	Lv 等[46]
水泥浆	0.35	0.05	40.3	90.5	Wang 等[47]
水泥浆	0.4	0.04	43.4	14.2	Li[48]
水泥浆	0.5	0.05	25.5	37.3	Jinwoo[49]
砂浆	0.42	0.022	22.6	24.6	Zhao 等[50]
砂浆	0.3	0.06	29.5	30.7	Kang 等[51]
砂浆	0.66	0.2	16.4	41.3	Long 等[52]
普通混凝土	0.2	0.01	7.8	11.8	Liu 等[53]
普通混凝土	0.31	0.08	12.6	7.4	Mokhtar[54]
普通混凝土	0.5	0.08	34.1	15.6	Wu 等[55]
超高强混凝土	0.2	0.01	7.82	11.88	Lu 等[56]
超高性能混凝土	0.16	0.02	28.8	25.3	Wu 等[57]
自密实混凝土	0.34	0.05	57	48	Somasri 等[58]

1.5.3   氧化石墨烯对耐久性能的影响研究

氧化石墨烯对力学性能的显著改善效果使其受到建筑行业的充分重视。为了全面掌握氧化石墨烯对水泥基材料的影响，许多学者就氧化石墨烯对水泥基材料耐久性能的影响也进行了深入思考和研究。

Chen 等人[59]研究比较了含有 0.02%和 0.08%氧化石墨烯纳米的普通混凝土加载龄期在 150d 内的收缩和徐变。试验结果表明，氧化石墨烯会增加混凝土的收缩应变，降低混凝土的徐变系数。随着加载龄期的增加，氧化石墨烯纳米片对混凝土收缩应变的影响先增大后减小。在一定范围内，随着用量的增加，往往需要较长的时间才能达到峰值。

Mohammed 等人[60]将氧化石墨烯用于增强水泥基体对 CO_2 侵蚀的抵抗力。氧化石墨烯通过限制 CO_2 分子向胶凝材料的移动，增强了微观结构，降低了孔隙率，从而减缓了碳化速率。另外，均匀分散的氧化石墨烯增加了氧化石墨烯活性部分的表面积，从而增加了抵抗碳化的性能。

Xu 等人[61]研究了氧化石墨烯含量在 0～0.05%范围内普通混凝土的抗盐冻性能。氧化石墨烯的最佳含量为 0.03%，经过 200 次盐冻循环后，混凝土抗压强度提高 34.83%，动弹性模量损失率最小。随着盐冻时间的延长，氧化石墨烯混凝土的劣化表现为砂浆脱落、微裂纹扩展、剥蚀和大面积脱落等不同模式的组合。结果表明，氧化石墨烯能有效阻碍盐冻过程中混凝土微观形态的破坏，减缓混凝土内部微裂纹的萌生和扩展。因此，盐冻后含有氧化石墨烯的混凝土的力学性能和耐久性能得到了显著改善。

Yu 等人[62]将氧化石墨烯用于改善再生骨料超高性能混凝土的耐久性，设计了氧化石墨烯含量在 0～0.08%范围内的六个对照组。通过对比试验发现，氧化石墨烯能减小混凝土的孔隙率，从而提高了抵抗氯离子扩散的能力。但随着石墨烯含量的增加，氯离子迁移系数先减小后增大，最优的氧化石墨烯含量为 0.06%。另外，混凝土的自收缩随氧化石墨烯含量的增加呈现先增大后减小的趋势。

Zeng 等人[63]采用两种不同长径比的氧化石墨烯作为添加剂，研究对水泥砂浆渗透性的影响。通过超声和显微分析，对比了两种氧化石墨烯改性砂浆的结构特征。试验结果表明，0.06%的 GO-1（长径比为 50000）和 GO-2（长径比为 5000）分别使相对渗透系数降低 80.2%和 41.0%。具有较大的长径比的氧化石墨烯更有助于细化毛细孔，规范晶体形态，显著抑制微裂纹，降低渗透系数。

1.6 本书主要研究内容

综上所述，国内外学者将 GO 加入水泥浆、砂浆、普通混凝土和高性能混凝土中进行了大量试验，并取得了优异的成果。相较于普通混凝土，高强轻质混凝土在未来发展中有无可比拟的优势。然而，以页岩陶粒为骨料制作的轻集料混凝土的强度仍有限，有必要进一步提高其力学性能和耐久性能。但对于将氧化石墨烯用于改善页岩陶粒高强轻质混凝土性能，目前几乎没有相关的研究。基于此，按照轻集料混凝土的设计理念，以页岩陶粒、页岩陶砂、水泥、粉煤灰、水和高效减水剂为原材料配制高强轻质混凝土，掺入不同含量的氧化石墨烯，系统研究氧化石墨烯对页岩陶粒高强轻质混凝土的工作性能、力学性能、耐久性能、干燥收缩性能、微观机理等方面的影响，主要研究内容如下。

（1）试验原材料及试件制备。根据研究目标选取试验所需的原材料，确定页岩陶粒高强轻质混凝土的配合比和试验方案；确定氧化石墨烯分散的方法，根据试验项目内容拟定合理的试验方法。

（2）氧化石墨烯对高强轻质混凝土工作性能的影响。测试页岩陶粒高强轻质混凝土在不同状态下的密度，揭示氧化石墨烯对于高强轻质混凝土质量的影响规律；测试页岩陶粒高强轻质混凝土的坍落度，揭示氧化石墨烯对于流动性的影响规律。

（3）氧化石墨烯对高强轻质混凝土力学性能的影响。测试不同龄期下页岩陶粒高强轻质混凝土的抗压强度、抗折强度和劈裂抗拉强度，揭示不同氧化石墨烯含量和不同龄期下各力学性能的变化规律。

（4）氧化石墨烯对高强轻质混凝土耐久性能的影响。以 28d 为养护龄期，测试不同氧化石墨烯含量的高强轻质混凝土的氯离子迁移系数，以评价抗氯离子渗透性能；测试在 150 次干湿循环内不同氧化石墨烯含量的高强轻质混凝土的抗压强度耐蚀系数，以评价抗硫酸盐侵蚀性能；测试在 250 次冻融循环内不同氧化石墨烯含量的高强轻质混凝土的质量损失率和相对动弹性模量，以评价抗冻性能；测试在 56d 碳化周期内不同氧化石墨烯含量的高强轻质混凝土的碳化深度，以评价抗碳化性能。

（5）氧化石墨烯对高强轻质混凝土干燥收缩性能的影响。测试在龄期 360d 内不同氧化石墨烯含量的高强轻质混凝土的干燥收缩值，分析其变化规律。对比分析常见的干燥收缩预测模型的预测精度，建立适合于含有氧化石墨烯的高强轻质混凝土收缩预测模型，以提高干燥收缩预测精度。

（6）氧化石墨烯对高强轻质混凝土微观机理的影响。以 28d 为养护龄期，通过压汞法（mercury intrusion porosimetry，MIP）测试不同氧化石墨烯含量的页岩陶粒高强轻质混凝土的总孔隙率、孔径和孔隙结构，揭示氧化石墨烯对孔隙变化的影响规律。通过扫描电子显微镜（scanning electron microscope，SEM）测试不同氧化石墨烯含量的页岩陶粒高强轻质混凝土的晶体形貌变化。利用微观形貌和孔隙结构的测试结果分析宏观性能变化的机理。

第 2 章　试验原材料及试件制备

2.1　试验主要原材料

2.1.1　氧化石墨烯

本书试验所用氧化石墨烯（GO）购自苏州某公司，是一种深棕色高纯度粉末，外观如图 2-1 所示，各项物理参数见表 2-1。

图 2-1　试验用 GO

表 2-1　GO 技术指标表

序号	技术指标	指标值
1	比表面积/（m^2/g）	232
2	密度/（kg/m^3）	1780
3	单层厚度/nm	0.92
4	拉伸强度/GPa	0.12
5	纯度/wt%	>95
6	层数	5～10

由图 2-2 所示的 GO 粉末的 SEM 微观结构测试结果可知：氧化石墨烯是一种纳米尺度的薄片，具有典型的细而致密的皱纹形态。另外，在微观结构上任选一矩形状区域进行了能谱分析（energy dispcrisive spectroscopy，EDS），测试结果如图 2-3 所示，得知氧元素含量为 33.4%，碳元素含量为 66.5%。

图 2-2　GO 粉末的 SEM 微观结构图

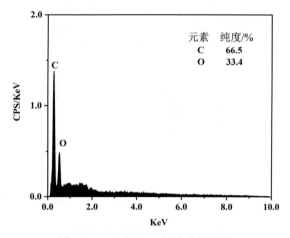

图 2-3　GO 的 EDS 能谱分析结果

另外，对 GO 进行了傅里叶红外光谱（fourier transform infrared spectroscopy，FTIR）测试，结果如图 2-4 所示。3200cm^{-1}、1724cm^{-1}、1617cm^{-1} 和 1064cm^{-1} 的四个拉伸振动峰分别证实了典型氧化官能团—OH、C=O、C=C 和 C—O 的活性。这些官能团可以在改善氧化石墨烯的亲水性方面发挥重要作用，从而有助于在混合物中更好地分散。

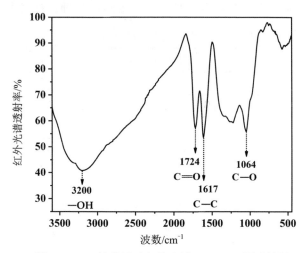

图 2-4　GO 的傅里叶红外光谱（FTIR）测试结果

2.1.2　页岩陶粒

本书试验所用陶粒为高强页岩陶粒，来自湖北某公司，颗粒形状为表面粗糙的碎石型，最大粒径为 19.1mm，外观如图 2-5 所示。

图 2-5　试验用页岩陶粒

页岩陶粒的各项物理性能参数见表 2-2，由密度等级、吸水率和筒压强度三个参数可知，试验所用页岩陶粒符合高强页岩陶粒的各项指标。

表 2-2　页岩陶粒的物理性能参数表

序号	技术指标	指标值
1	密度等级	800
2	表观密度/（kg/m³）	1425
3	堆积密度/（kg/m³）	835
4	吸水率（3h）/%	2.9
5	吸水率（24h）/%	4.6
6	筒压强度/MPa	5.2

试验前，将页岩陶粒用清水清洗并晾晒。为了除去较大粒径的粗集料以及针片状、长条形等劣性的粗集料，在拌合混凝土之前需进行筛分试验，筛选粒径在5～16mm级配范围的粗集料，具体操作步骤如下：

（1）称取一份质量为20kg的页岩陶粒样品，置于温度为（105±5）℃的烘箱中烘直至为恒重。

（2）采用干筛法试验，对试验样品进行两组平行的筛分试验，取其试验结果的平均值作为最终计算值，筛分试验结果见表 2-3。

表 2-3　页岩陶粒颗粒级配筛分试验结果

组号	筛孔尺寸/mm	筛余质量/g	分计筛余百分率/%	累计筛余百分率/%	通过百分率/%
第一组	>16	0.0	0.0	0.0	100.0
	9.50	76.3	15.3	15.3	84.7
	4.75	372.5	74.5	89.8	10.2
	2.36	51.2	10.2	100.0	0.0
第二组	>16	0.0	0.0	0.0	100.0
	9.50	78.1	15.6	15.6	84.4
	4.75	369.4	73.9	89.5	10.5
	2.36	52.5	10.5	100.0	0.0

页岩陶粒的 SEM 微观结构如图 2-6 所示，页岩陶粒在 SEM 中呈现出多孔蜂

窝结构，从而导致吸水率比普通集料大得多。但相比其他轻集料，页岩陶粒的吸水率较低。页岩陶粒在混凝土拌合和运输过程中会出现吸水现象，而在硬化过程中会释放所吸收的水用于内养护。但为了避免影响混凝土的工作性能，一般要求在拌合前对页岩陶粒进行预湿处理。

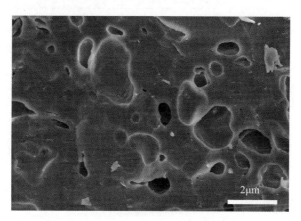

图 2-6　页岩陶粒的 SEM 微观结构

2.1.3　页岩陶砂

本书试验所用页岩陶砂来自湖北某公司，密度等级为 700，粒径范围为 0～4.75mm，外观如图 2-7 所示，物理性能参数见表 2-4。

图 2-7　试验用页岩陶砂

表 2-4　页岩陶砂的物理性能参数表

序号	技术指标	指标值
1	密度等级	700
2	表观密度/（kg/m³）	1638
3	堆积密度/（kg/m³）	974
4	吸水率（3h）/%	1.2
5	吸水率（24h）/%	1.4
6	细度模数	2.96

试验前，将页岩陶砂用清水清洗并晾晒，然后进行筛分试验，具体操作步骤如下：

（1）称取一份页岩陶砂样品，置于温度为（105±5）℃的烘箱中烘干，直至为恒重。

（2）将烘干后的样品分成两份，每份质量为 500g。

（3）对试验样品进行两组平行的筛分试验，取其试验结果的平均值作为最终计算值，筛分试验结果见表 2-5。

表 2-5　页岩陶砂颗粒级配筛分试验结果

组号	筛孔尺寸/mm	筛余质量/g	分计筛余百分率/%	累计筛余百分率/%	通过百分率/%
第一组	4.75	0.0	0.0	0.0	100.0
	2.36	40.2	8.0	8.0	92.0
	1.18	55.1	11.0	19.1	80.9
	0.60	114.7	22.9	42.0	58.0
	0.30	115.2	23.0	65.0	35.0
	0.15	107.3	21.5	86.5	13.5
第二组	4.75	0.0	0.0	0.0	100
	2.36	40.3	8.0	8.1	91.9
	1.18	55.0	11.0	19.1	80.9
	0.60	115.2	23.0	42.1	57.9
	0.30	113.5	23.0	64.8	35.2
	0.15	107.4	21.0	86.3	13.7

将各粒径级配下的最终计算结果绘制成级配曲线，如图 2-8 所示，页岩陶砂颗粒级配符合规范要求。

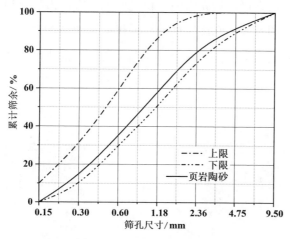

图 2-8　页岩陶砂级配曲线

依据《建筑用砂》（GB/T 14684—2022）计算砂的细度模数：

$$M_x = \frac{(A_2 + A_3 + A_4 + A_5 + A_6) - 5A_1}{100 - A_1} \qquad (2\text{-}1)$$

式中：M_x 为细度模数；A_1、A_2、A_3、A_4、A_5、A_6 为公称直径为 4.75mm、2.36mm、1.18mm、0.6mm、0.3mm 和 0.15mm 的方孔筛的累计筛余百分率。

经式（2-1）计算，该书试验中所用页岩陶砂的细度模数为 2.96，属于中砂范围。

2.1.4　水泥

本书试验所采用的水泥为西昌某公司生产的 P·O42.5R 普通硅酸盐水泥，如图 2-9 所示。试验前，依据《通用硅酸盐水泥》（GB 175—200T）对所用水泥的主要性能参数进行了检测，结果见表 2-6。

2.1.5　粉煤灰

粉煤灰是煤电厂燃煤过程中的副产品，作为混凝土掺合料可以有效减少对自然资源的消耗，降低环境污染和废弃物的产生。它是一种细粉状物质，可以部分替代水泥在混凝土中使用。它含有硅酸和铝酸等活性成分，能够与水泥中的钙水化产物反应形成胶凝材料，从而增加混凝土的强度和耐久性。另外，由于粉煤灰具有细粉状的特性，它可以填充水泥颗粒之间的空隙，改善混凝土的流动性和可塑性，提高混凝土的可泵性和施工性能。粉煤灰中的细微颗粒填充了混凝土中的孔隙，减少了混凝土内部的渗透路径，从而降低了混凝土的渗透性和收缩性，提高了混凝土的抗裂性能，减少了开裂的可能性[64]。

图 2-9　试验用水泥

表 2-6　水泥的主要物理性能参数表

序号	技术指标	指标值
1	密度/（g/cm³）	3.08
2	比表面积/（cm²/g）	3590
3	初凝凝结时间/min	93
4	终凝凝结时间/min	253
5	3d 抗压强度/MPa	26.4
6	28d 抗压强度/MPa	49.4
7	安定性	合格

本书试验所采用的粉煤灰产自河南某公司，为一级粉煤灰，如图 2-10 所示。依据《用于水泥和混凝土中的粉煤灰》（GB/T 1596—2017），其主要性能参数见表 2-7。

图 2-10　试验用粉煤灰

表 2-7　粉煤灰的主要性能参数表

序号	技术指标	指标值
1	密度/（g/cm³）	2.21
2	细度/%	9.02
3	含水率/%	0.47
4	需水量比/%	92.3
5	烧失量/%	3.48
6	三氧化硫/%	1.06
7	游离钙/%	0.17

2.1.6　减水剂

减水剂是制备混凝土必不可少的外加剂，主要用于提高流动性、提高混凝土的早期和后期强度、减少水泥用量，对提高混凝土的耐久性和可持续性都具有积极的影响。该试验所采用的减水剂为聚羧酸高效减水剂，主要成分是高分子化合物。这些高分子化合物通过吸附在水泥颗粒表面形成带电荷的物种，从而产生一系列作用。另外，在该试验中减水剂也作为分散氧化石墨烯的表面活性剂。依据《混凝土外加剂》（GB 8076—2008），减水剂的主要性能参数检测结果见表 2-8。

表2-8　减水剂的主要性能参数表

序号	技术指标	指标值
1	密度/（g/cm³）	1.07
2	pH 值	5.1
3	氯离子含量/%	0.47
4	总碱量/%	1.08
5	减水率/%	22

2.2　氧化石墨烯分散液的制备

2.2.1　分散液制备流程

基于已有的研究，氧化石墨烯具有一定的亲水性，但在不同液体中的溶解度不同，在各种溶剂中的溶解稳定性均存在一个临界点[65]。该试验以减水剂作为表面活性剂分散氧化石墨烯，从而制备氧化石墨烯分散液。因此，基于该试验配合比设计的材料用量，确定不同含量氧化石墨烯的溶解状态显得至关重要。

在均匀分散氧化石墨烯过程中，除了使用表面活性剂，还要运用超声分散才能实现更佳的效果。超声分散是一种常用的技术，用于将氧化石墨烯分散成薄片或液态，以便更好地利用其优异的性质。图 2-11 所示分别为手动搅拌和超声分散10min 后，静置 3min 的分散效果图。不难看出，图 2-11（a）中氧化石墨烯分散不均匀，有明显的絮凝现象，溶解状态较差；图 2-11（b）中氧化石墨烯分散均匀，氧化石墨烯溶解状态良好。

通过超声分散主要能实现以下三个方面的功效。

（1）利用超声波引入高强度的机械剪切力和液体的空化效应，能够有效地击碎氧化石墨烯的聚集物，使其分散成较小的颗粒或薄片，这有助于增加氧化石墨烯与周围介质的接触面积，提高分散效果。

（2）氧化石墨烯表面具有一定的亲水性，超声分散可以通过破坏氧化石墨烯层间的氢键和 π-π 堆积作用，增加表面能，使其表面变得更加亲水，有利于与水相互作用，这有助于氧化石墨烯在水溶液中更好地分散并稳定。

（a）　　　　　　　　　　　（b）

图 2-11　氧化石墨烯的分散效果图

（3）超声分散过程中的高频振荡和液体流动可以有效地去除氧化石墨烯表面的杂质和未反应的副产物，这有助于提高氧化石墨烯的纯度和质量，并减少对最终应用性能的不利影响。该试验中使用的超声波分散仪型号为 KQ-250E，超声频率为 40kHz，温度可调节至 80℃，其外观如图 2-12 所示。

图 2-12　KQ-250E 型超声波分散仪

该试验中的氧化石墨烯分散液制备流程为：

（1）依据配合比设计的材料用量，将所需的聚羧酸减水剂加入拌合水中，手动搅拌 3min 至均匀混合，形成减水剂溶液。

（2）将氧化石墨烯加入减水剂溶液中，手动搅拌混合 3min，再放入超声波清洗仪中进行 30min 超声处理，以获得分散均匀的氧化石墨烯分散液。具体制备流程如图 2-13 所示。

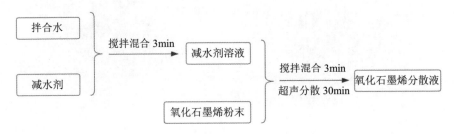

图 2-13　氧化石墨烯分散液制备流程

2.2.2　分散液制备结果对比

氧化石墨烯在水泥基材料中的使用量会根据具体的应用需求和目标性能而有所变化。在研究和实际应用中，氧化石墨烯通常以添加剂的形式加入水泥基材料中，以改善其性能。另外，氧化石墨烯是一种高性能材料，其生产成本相对较高。因此，在工程应用中，需要平衡性能改善和成本效益之间的关系。使用适量的氧化石墨烯可以在保持性能改善的同时，最大限度地控制成本。一般而言，研究中常使用的氧化石墨烯掺量较低，通常在水泥的质量比例的 0.01%～0.1%之间[66]。

因此，本书共设计了氧化石墨烯含量分别为 0.00%、0.02%、0.04%、0.05%、0.06%和 0.08%（以水泥的质量比例为例）的六个试验对照组，按照上述的分散液制备流程进行试验，结果如图 2-14 所示。不难看出，氧化石墨烯含量越高，分散液的颜色越深。所有试验组分散液的分散效果都较好，没有明显的团聚现象。然而，当含量超过 0.05%时，分散液体颜色加深明显，有一定的浑浊。静置 30min 后，含量为 0.08%的试剂瓶底部有少量沉淀物，说明有少量的氧化石墨烯没有被完全溶解。综上所述，当氧化石墨烯含量为 0.05%时，氧化石墨烯的分散效果最佳。

图 2-14　不同含量氧化石墨烯的分散效果

2.3　试验配合比设计

2.3.1　试验配合比设计原则

高强轻质混凝土的配合比设计对于确保混凝土的性能和施工质量具有重要作用。因此，在进行设计时，应遵循以下原则。

（1）密度控制原则：轻集料混凝土的密度是其最重要的特征之一。配合比设计应根据具体应用要求，控制混凝土的密度在目标范围内。轻集料的选择、骨料比例和水灰比等因素都会对密度产生影响。

（2）强度和耐久性原则：轻集料混凝土在设计中应满足所需的强度和耐久性要求。骨料的选择、水灰比的控制、使用适当的掺合料等可以影响混凝土的强度和耐久性。根据具体应用，如填充材料或轻负荷结构，可以调整配合比以满足设计要求。

（3）施工性能原则：轻集料混凝土的施工性能对于施工过程的顺利进行至关重要。配合比设计应确保混凝土具有适当的流动性和可泵性，以便在施工过程中能够均匀分布和填充到所需的位置。同时，施工性能还涉及混凝土的坍落度、可塑性和凝结时间等方面。

（4）经济性原则：配合比设计应考虑经济性因素，即在满足设计要求的前提下，尽量节约材料和成本。通过合理选择轻集料、控制水灰比和优化骨料配合比等措施，可以降低成本并提高材料利用率。

2.3.2　试验配合比设计步骤

该试验配制 LC60 的高强轻质混凝土，作为基准配合比，依据《轻骨料混凝土应用技术标准》（JGJ/T 12—2019）进行高强轻质混凝土配合比设计，具体计算步骤如下。

（1）确定高强轻质混凝土的配制强度：

$$f_{cu,0} \geqslant f_{cu,k} + 1.645\sigma \tag{2-2}$$

式中：$f_{cu,0}$ 为轻骨料混凝土的配制强度，MPa；$f_{cu,k}$ 为轻骨料混凝土的立方体抗压强度标准值，MPa，取混凝土的设计强度等级；σ 为轻骨料混凝土强度标准差，MPa。

σ 按照以下方法确定。

1）当具有 3 个月以内的同品种、同强度等级的混凝土强度资料（试件数量不少于 30 组）时，按照统计方法计算：

$$\sigma = \sqrt{\frac{\sum_{i=1}^{n} f_{cu,i}^2 - n m_{f_{cu}}^2}{n-1}} \tag{2-3}$$

式中：$f_{cu,i}$ 为第 i 组试件的强度，MPa；$m_{f_{cu}}$ 为 n 组试件的立方体抗压强度平均值，MPa；n 为试件组数。

2）当无资料时，按照《轻骨料混凝土应用技术标准》（JGJ/T 12—2019）中规定，依据表 2-9 确定。

表 2-9　轻骨料混凝土强度标准差 σ 取值

轻骨料混凝土强度等级	<LC20	LC20～LC35	>LC35
σ/MPa	4.0	5.0	6.0

因此，对于设计强度等级大于 L35 的轻集料混凝土，$\sigma = 6.0$MPa。

（2）确定水泥品种和胶凝材料用量。配制高强轻质混凝土所用水泥应符合国家标准的相关要求。对于配制 LC60 高强轻质混凝土，适合选用 42.5 级或 52.5 级硅酸盐水泥或者普通硅酸盐水泥。总的来说，配制的混凝土强度越高，采用的水泥强度等级越高。本试验中选用 42.5 级普通硅酸盐水泥。水泥用量是影响混凝土强度和密度的关键因素之一。合理的水泥用量在满足性能需求的同时，还能节约施工成本。研究表明，配制高强轻质混凝土的水泥用量比普通混凝土多。对于胶凝材料的用量，参照《轻骨料混凝土应用技术标准》（JGJ/T 12—2019）相关规定，依据表 2-10 初步确定为 550kg/m³。

表 2-10　轻骨料混凝土的胶凝材料用量

混凝土配制强度 /MPa	轻骨料密度等级			
	700	800	900	1000
	胶凝材料用量/（kg/m³）			
20～25	330～400	320～390	310～380	300～370
25～30	380～450	370～440	360～430	350～420
30～40	420～500	390～490	380～480	370～470
40～50	—	430～530	420～520	410～510
50～60	—	450～550	440～540	430～530

注　表中下限范围值适用于圆球型轻骨料砂轻混凝土，上限范围值适用于碎石型轻粗骨料砂轻混凝土和全轻混凝土。

（3）确定矿物掺合料（粉煤灰）和水泥用量。试验中所用的矿物掺合料是粉煤灰，其掺量参照《轻骨料混凝土应用技术标准》（JGJ/T 12—2019）规定进行确定，最大掺量应符合表 2-11 要求。除此之外，对于大体积混凝土，粉煤灰的最大掺量可增加 5%。

表 2-11　矿物掺合料最大掺量要求

矿物掺合料种类	结构类型	净水胶比	最大掺量/%	
			硅酸盐水泥	普通硅酸盐水泥
粉煤灰	钢筋混凝土	≤0.40	45	35
		>0.40	40	30
	预应力混凝土	≤0.40	35	30
		>0.40	25	20

结合工程经验和初步试验，粉煤灰的掺量确定为 20%。粉煤灰和水泥用量按照式（2-4）和式（2-5）计算：

$$m_f = m_b \beta_f \tag{2-4}$$

$$m_c = m_b - m_f \qquad (2-5)$$

式中：m_f 为每立方米轻骨料混凝土中矿物掺合料用量，kg；m_b 为每立方米轻骨料混凝土中胶凝材料用量，kg；β_f 为矿物掺合料掺量比例，%；m_c 为每立方米轻骨料混凝土中水泥用量，kg。

（4）确定净用水量。与普通混凝土配合比设计不同，该试验中设计的高强轻质混凝土所用的粗细集料均为轻集料。轻集料因为多孔特性，吸水特性显著。因此，在确定轻集料混凝土用水量时，必须充分考虑集料的吸水率，避免造成不利影响。试验中的净用水量参照《轻骨料混凝土应用技术标准》（JGJ/T 12—2019）选取，主要依据轻骨料混凝土成型方式和坍落度进行确定，参照表2-12，净用水量初步确定为170kg/m³，试验过程中也可根据工作性能和力学性能进行调整。

表 2-12　轻骨料混凝土的净用水量

轻骨料混凝土成型方式	坍落度/mm	净用水量/（kg/m³）
振捣加压成型	—	45～140
振动台成型	0～10	140～160
振捣棒振捣	30～80	160～180
机械振捣	150～200	140～170
钢筋密集机械振捣	≥200	145～180

（5）确定砂率。砂率直接影响高强轻质混凝土的容重、密实性和工作性能等，进而影响到强度和耐久性。轻集料混凝土的砂率采用的是体积砂率，即页岩陶砂的体积占粗细集料总体的比值。随着砂率的增加，高强轻质混凝土的工作性能会得到改善，强度和弹性模量会有一定的提高。但是，砂率过大会使集料和砂浆之间密实性变差，容易造成离析，强度降低。根据轻集料混凝土的用途、施工方式和轻集料的品种，参考《轻骨料混凝土应用技术标准》（JGJ/T 12—2019）选取砂率，参照表2-13，砂率初步确定为50%。

表 2-13　轻骨料混凝土的砂率

施工方式	细骨料品种	砂率/%
预制	轻砂	35～50
	普通砂	30～40
现浇	轻砂	40～55
	普通砂	35～45

（6）确定总用水量。考虑集料吸水，按照式（2-6）计算总用水量。值得注意的是，若使用预湿处理的集料进行试验，净用水量即为总用水量。

$$m_{wt} = m_{wn} + m_{wa} \qquad (2\text{-}6)$$

式中：m_{wt} 为每立方米轻骨料混凝土的总用水量，kg；m_{wn} 为每立方米轻骨料混凝土的净用水量，kg；m_{wa} 为每立方米轻骨料混凝土的附加水量，kg。

（7）确定氧化石墨烯和减水剂的加入量。氧化石墨烯和减水剂都在为外加剂使用。试验以氧化石墨烯添加量作为单因素变量设计了六组配合比，添加量分别为水泥质量的 0.00%、0.02%、0.04%、0.05%、0.06%和 0.08%，减水剂加入量为胶凝材料质量的 2%。

2.3.3 试验配合比设计方案

经过配合比的计算与反复试拌，最终确定了试验所用的高强轻质混凝土的配合比，具体配合比见表 2-14。六组高强轻质混凝土的编号分别为 GO-0、GO-2、GO-4、GO-5、GO-6 和 GO-8。其中，GO-0 为对照组，没有添加氧化石墨烯。水胶比均为 0.31。

表 2-14 高强轻质混凝土的配合比　　　　　单位：kg/m³

编号	水泥	水	陶粒	陶砂	粉煤灰	减水剂	GO
GO-0	440	170	380	380	110	11	0
GO-2	440	170	380	380	110	11	0.088
GO-4	440	170	380	380	110	11	0.176
GO-5	440	170	380	380	110	11	0.220
GO-6	440	170	380	380	110	11	0.264
GO-8	440	170	380	380	110	11	0.352

2.4　试　件　制　备

2.4.1 制备工艺

除了原材料的质量以外，合理的制备工艺也是影响混凝土的质量和性能的关键环节[67]。制备工艺可以确保混凝土中各组分充分混合，实现均匀分散，从而提高混凝土的均匀性和一致性，减少可能出现的质量问题。适当的搅拌时间和搅拌速度可以使混凝土达到设计要求的工作性能，使其能够在施工过程中顺利地浇筑、均匀分布和填充到模板或预制构件中。充分搅拌可以使水泥颗粒与水和其他材料更好地接触和交互，保障硬化和强度发展。

本试验中混凝土的搅拌采用强卧式搅拌机，搅拌流程如图 2-15 所示，具体为：

（1）先按照氧化石墨烯分散液流程制备氧化石墨烯分散液，静置时间不宜超过 30min。

（2）对搅拌机进行湿润后，加入粗细集料混合搅拌 3min，如图 2-16 所示。

（3）加入胶凝材料继续搅拌 3min。

（4）将氧化石墨烯分散液按照 70%和 30%的比例先后加入搅拌机，分别搅拌 3min 和 2min。

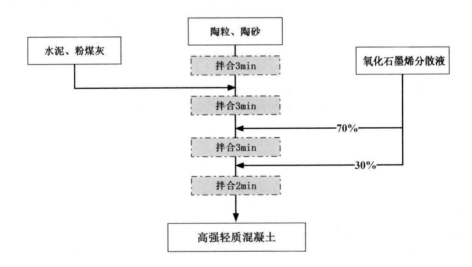

图 2-15　高强轻质混凝的拌合流程

将拌合物分层装入试模，并进行振捣，如图 2-17 所示。将成型后的试件（图 2-18）覆盖塑料膜并编号，放置于阴凉处 24h 后脱模。根据所开展的试验项目确定养护龄期，采用标准养护箱［温度：（20±2）℃，相对湿度：≥95%］进行养护，如图 2-19 所示。

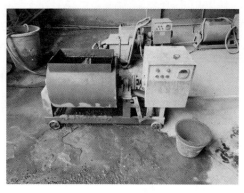

图 2-16   搅拌

图 2-17   振捣

图 2-18   成型

图 2-19   养护

2.4.2   试验项目

为了更加系统全面地评价氧化石墨烯在页岩陶粒高强轻质混凝土中的应用，依托西昌学院高性能混凝土研究科研平台，结合现有的试验设备，主要测试的性能和开展试验项目包括以下几个方面：

（1）工作性能：坍落度试验、密度试验。

（2）力学性能：抗压强度试验、抗折强度试验、劈裂抗拉强度试验、抗压弹性模量试验。

（3）耐久性能：抗氯离子渗透试验、抗冻试验、抗硫酸盐侵蚀试验、碳化试验。

（4）干燥收缩性能：干燥收缩试验。

（5）微观分析：孔隙结构（MIP）、微观形貌（SEM）。

该研究中所涉及试验项目的试验龄期、试件尺寸和数量见表 2-15。

表 2-15 试验内容

试验名称	试验龄期/d	试件尺寸/mm	每龄期试件个数/个
抗压强度试验	1、3、7、28、56	100×100×100	3
抗折强度试验	28	100×100××400	3
劈裂抗拉强度试验	28	100×100×100	3
抗压弹性模量试验	28	150×150×300	6
抗氯离子渗透试验	28	$\phi100×200$	3
抗冻试验	28	100×100××400	3
抗硫酸盐侵蚀试验	28	100×100×100	3
碳化试验	3、7、14、28、42、56	100×100×100	3
干燥收缩试验	1、3、7、14、28、45、60、90、120、150、180、360	100×100×515	3

注 孔隙结构和微观形貌测试均是从混凝土抗压强度破坏试件中选取样本进行测试。

2.5 本 章 小 结

（1）介绍了本书中制备高强轻质混凝土所用的原材料，依据相关规范对主要原材料进行了性能检测和特征分析，原材料的主要技术指标符合相关规范要求。

（2）通过资料查阅和对比试验，确定了以聚羧酸减水剂作为活性剂，采用超声振动分散的工艺制备氧化石墨烯分散液。另外，设计了氧化石墨烯含量为 0～0.08%的六个对照组，确定了氧化石墨烯的最佳添加剂量。

（3）依据《轻骨料混凝土应用技术标准》（JGJ/T 12—2019）进行了强度等级为 LC60 的高强轻质混凝土配合比设计，通过计算和反复试配得到了最终的配合比设计方案、搅拌工艺，确定了高强轻质混凝土的主要测试性能和后续开展的试验项目。

第 3 章　氧化石墨烯对高强轻质混凝土工作性能的影响研究

3.1　氧化石墨烯对高强轻质混凝土密度的影响

测试混凝土试件在不同状态下的密度是为了获得更全面的混凝土性能和特性信息，从而评估混凝土在使用过程中的质量稳定性和性能变化，以确保其符合设计要求和预期的标准。

（1）脱模后密度：混凝土从模具中取出后的单位体积质量。脱模后密度包括混凝土固体颗粒的质量和可能存在的孔隙和空隙。这个密度值可以提供关于混凝土的初始密实程度和成型质量的信息。

（2）风干密度：混凝土在自然环境中风干后的单位体积质量。在风干过程中，混凝土中的水分逐渐蒸发，但仍保留一定量的吸附水。风干密度考虑了混凝土固体颗粒的质量和孔隙中残留水的质量。

（3）饱和密度：混凝土在饱和状态下的单位体积质量。饱和状态下，混凝土中的所有孔隙都被水填满。饱和密度包括混凝土固体颗粒的质量和孔隙中所含水的质量。

（4）烘干密度：混凝土在完全烘干后的单位体积质量。烘干过程中，混凝土中的水分被完全除去，只留下固体成分。

脱模后密度可以提供关于混凝土浇筑过程中的质量控制信息，评价浇筑过程的质量。如果脱模后密度低于预期值，可能意味着存在空隙、不均匀的浇筑或混凝土材料配比不准确等问题。而测试烘干密度、饱和密度和风干密度对于了解混凝土在不同湿度条件下的体积变化、吸湿性能以及与水的相互作用具有重要意义。

湿度变化可能会导致混凝土收缩、膨胀或变形，因此了解这些密度参数可以帮助评估混凝土的稳定性。

3.1.1　试验方法

（1）脱模后密度测试。

1）将成型后的试件覆盖塑料膜并编号，放置于阴凉处24h后脱模。

2）用电子秤称重脱模后的试件，如图3-1所示，记录其质量。

3）测量试件的长度、宽度和高度，计算其体积。

4）计算试件脱模后密度：密度=湿重/体积，以三个试件的平均值作为该组试件的脱模后密度。

（2）风干密度测试。

1）将脱模后的试件放置在自然通风的环境中28d，使其风干。

2）完全风干后，用电子秤称重试件的干重，记录其风干质量。

3）计算试件的风干体积，可以使用试件的初始尺寸或重新测量其尺寸。

4）计算试件风干密度：密度=干重/风干体积，以三个试件的平均值作为该组试件的风干密度。

（3）饱和密度测试。

1）将脱模后的试件完全浸泡在水中28d，确保试件完全饱和。

2）取出试件，并用纸巾或布将试件表面的多余水分擦干，用电子秤称重试件的湿重，记录其重量。

3）计算试件的饱和体积，可以使用试件的初始尺寸或重新测量其尺寸。

4）计算试件的饱和密度：密度=湿重/饱和体积，以三个试件的平均值作为该组试件的饱和密度。

（4）烘干密度测试。

1）将脱模后的试件放入烘箱或干燥室中28d，在适当的温度下进行干燥，以除去其中的水分。

2）完全干燥后，用电子秤称重试件的干重。

3）计算试件的烘干体积，可以使用试件的初始尺寸或重新测量其尺寸。

4）计算试件的烘干密度：密度=干重/烘干体积，以三个试件的平均值作为该组试件的烘干密度。

图 3-1   称重

3.1.2   结果分析

表 3-1 为不同含量氧化石墨烯的混凝土试件在各个状态下的测试密度。可以看出，随着氧化石墨烯含量的增加，混凝土试件的密度略微增加。脱模后密度在 1696～1728kg/m³ 之间，属于轻集料混凝土范畴。Nowak 等人[68]报道称：结构轻质混凝土的密度范围一般为 1440～1840kg/m³。另外，每组混凝土试件的风干密度相比脱模后的密度均有所降低，但随着氧化石墨烯含量的增加，降低幅度减弱。这表明风干过程中，混凝土试件内部的水分会逐渐蒸发，导致了试件的质量减少。但是，含有氧化石墨烯的试件质量变化较少。对于没有含有氧化石墨烯的试件，饱和密度相比风干密度增加了 42kg/m³，而含有氧化石墨烯的试件这一参数的增加范围为 9～26kg/m³。该试验中试件的饱和密度比烘干密度高多约 13～66kg/m³，而对于传统的轻集料混凝土，饱和密度相比烘干密度一般高 100～300kg/m³[69]。可见，具有纳米尺度的氧化石墨烯可以填充在混凝土中的孔隙，减少了所需填充水的数量。

表 3-1　不同状态下密度测试结果　　　　　　单位：kg/m³

编号	脱模后 ①	风干 ②	①-②	饱和 ③	③-②	烘干 ④	③-④
GO-0	1696	1683	13	1725	42	1659	66
GO-2	1705	1696	9	1722	26	1686	36
GO-4	1712	1706	6	1718	12	1698	20
GO-5	1715	1710	5	1719	9	1706	13
GO-6	1719	1712	7	1723	11	1709	14
GO-8	1728	1723	5	1736	13	1717	19

当氧化石墨烯含量增加时，导致混凝土试件的密度发生变化的可能原因如下。一是由于氧化石墨烯颗粒具有纳米级尺寸，其添加可以增加混凝土内部的有效填充物，减少混凝土中微小的孔隙和间隙。这样，更多的氧化石墨烯颗粒填充了混凝土的内部结构，减少了空隙和孔隙的数量，从而增加了混凝土试件的密度。二是氧化石墨烯颗粒与混凝土中的水泥基质和骨料之间可能存在一定的相互作用力，这种相互作用力可以增加混凝土内部颗粒之间的黏结力和相互连接程度。通过增加颗粒之间的接触面积和相互作用力，氧化石墨烯颗粒有助于增加混凝土试件的密实性和密度。

3.2　氧化石墨烯对高强轻质混凝土坍落度的影响

混凝土拌合物的工作性能是指混凝土在施工过程中的可塑性、流动性和可加工性，主要与混凝土的坍落度、黏度、均匀性和稳定性等特性相关，直接影响着混凝土的浇筑、振捣、成型和表面养护等工序。目前，高强轻质混凝土还没有一个全面的指标用于确切反映拌合物的工作性能，通常参照《普通混凝土拌合物性能试验方法标准》（GB/T 50080—2016）采用坍落度进行工作性能的评价。坍落度是指混凝土在试验条件下自身重力的作用下的流动性或可塑性程度，是通过测量混凝土从一定高度自由下落时的坍落量来表示的。由于轻质骨料，轻集料混凝土和普通混凝土在坍落度方面存在一些区别。Metha 等人[70]通过试验证实了坍落度为 50～75mm 的轻集料混凝土具备的工作性能与坍落度为 100～125mm 的普通混凝土的工作性能相似。在坍落度试验中还可以通过触感和观察评定混凝土拌合物的均匀性和泌水性等其他工作性能。

3.2.1　试验方法

（1）准备：捣棒、钢尺（量程不小于 300mm，分度值不大于 1mm）、标准坍落度筒、平面尺寸不小于 1500mm×1500mm 的底板。试验前，用清洁的湿布擦拭设备，应确保测试设备干净，筒内壁和底板应润湿无明水；底板应放置在坚实水平面上，坍落度筒放在底板中央，并用双脚踩住两边的踏板，确保装料时，位置不能发生移动。

（2）制样与取样：从混凝土搅拌机中获取代表性样品，应确保样品采集过程中没有过多的水分损失。

（3）装样与压实：将混凝土样品分三层均匀地放入坍落度筒中，每一层拌合物，用捣棒由边缘到中心按照螺旋形均匀插捣 25 次，捣棒应贯穿整个深度，插捣第二层和顶层时，捣棒应插透本层至下一层的表面，确保消除空隙和拌合物的均匀分布。捣实后每层拌合物的高度约为坍落度筒高的三分之一。

（4）顶平表面：顶层拌合物装料应高出筒口，捣实过程中，拌合物若低于筒口，应及时添加。顶层插捣完成后，取下装料漏斗，用平直的工具（如刮板）平顶混凝土表面，使其与坍落度筒边缘平齐，并确保表面光滑。

（5）测量坍落度：清除筒边底板上的混凝土后，应垂直平稳地提起坍落度筒，整个过程控制在 3～7s。当拌合物不再继续坍落或者坍落时间达 30s 时，用钢尺测量出筒高与坍落后试样最高点之间的高度差，作为该混凝土拌合物的坍落度。坍落度测量应精确至 1mm。

3.2.2　结果分析

表 3-2 为不同含量的氧化石墨烯高强轻质混凝土坍落度测试结果。可以看出，不添加氧化石墨烯的混凝土（GO-0）坍落度最大，达到 132mm。此外，随着氧化石墨烯含量的增加，混凝土（GO-2、GO-4、GO-5、GO-60 和 GO-8）的坍落度逐渐减小，且均小于未添加氧化石墨烯的混凝土。当氧化石墨烯含量从 0 逐渐增加

到 0.08%时，坍落度从 132mm 逐渐减小到 89mm，减小了约 33%。试验表明，高强轻质混凝土中加入氧化石墨烯后会使拌合物流动性降低，并且随着氧化石墨烯含量的增加，拌合物的流动性逐渐降低。另外，从现场拌合物状态来看，添加氧化石墨烯可以增加拌合物的黏度，拌合物无明显的泌水现象。

表 3-2　不同含量的氧化石墨烯高强轻质混凝土坍落度测试结果

编号	坍落度/mm	相对 GO-0 的百分比/%
GO-0	132	100
GO-2	121	92
GO-4	113	86
GO-5	104	79
GO-6	97	73
GO-8	89	67

从图 3-2 可以看出，氧化石墨烯含量与坍落度之间存在很强的线性拟合关系。通过该图可以大致预测出在添加不同低剂量的氧化石墨烯情况下高强轻质混凝土拌合物的坍落度，这样便于根据设计要求和工程需要，调整混凝土的坍落度，以适应不同的施工环境和要求。除此之外，通过上述测试结果可知，氧化石墨烯的掺入对高强轻质混凝土的可操作性有负面影响，以往的研究也报道了类似的结论[55]。

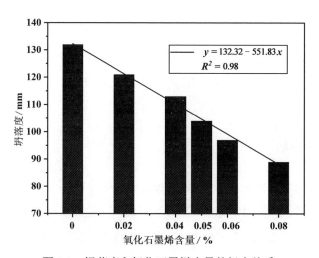

图 3-2　坍落度和氧化石墨烯含量的拟合关系

当氧化石墨烯含量增加时，导致拌合物混凝土坍落度减小的可能原因如下。一是因为氧化石墨烯具有较大的比表面积，它会对混凝土中的水化反应产生影响。氧化石墨烯的存在可以吸附水分并与水化产物发生相互作用，从而影响混凝土的水化过程，这可能导致水化反应速率的改变，使混凝土变得黏稠，从而使坍落度减小。二是因为氧化石墨烯具有一定的吸水性，当添加到混凝土中时，它可以吸收混凝土中的水分，导致混凝土的水灰比降低，从而使混凝土的坍落度减小。三是因为氧化石墨烯在混凝土拌合物中的分散程度，如果氧化石墨烯没有良好的分散或者加入量过多导致无法溶解分散，会形成团聚体或团块，影响混凝土中水泥和骨料的分散和流动性，从而导致坍落度减小。

3.3　本章小结

依据第 2 章设计的配合比方案，对混凝土进行了拌合并测试了不同状态混凝土密度和拌合物的坍落度，研究发现：

（1）该试验中混凝土的脱模后密度为 1696～1728kg/m³，属于轻集料混凝土的范畴，加入氧化石墨烯后，使混凝土的密度略微增加。

（2）加入氧化石墨烯后，高强轻质混凝土拌合物的坍落度减小，随着氧化石墨烯含量的增加，坍落度逐渐减小。

第4章 氧化石墨烯对高强轻质混凝土力学性能的影响研究

将氧化石墨烯用于提升页岩陶粒高强轻质混凝土的力学性能的研究目前几乎没有。而混凝土的力学性能直接影响着施工过程中的质量控制，掌握混凝土的力学性能，可以确保结构的安全性和可靠性。探索在添加不同含量的氧化石墨烯时，页岩陶粒高强轻质混凝土在硬化过程中抗压强度发展规律和各力学性能指标之间的关系，能为优化养护措施提供实践依据，对于结构设计、施工质量控制、材料改进和创新以及抗震性能评估等方面也有必要。本章涉及的力学性能试验为抗压强度试验、抗折强度试验、劈裂抗拉强度试验和抗压弹性模量试验，并以试验结果为基础分析最优氧化石墨烯添加量，探索适合于含有氧化石墨烯的各个强度指标之间的推导关系式。

4.1 氧化石墨烯对高强轻质混凝土抗压强度的影响

抗压强度是混凝土最基本的力学性能指标，是划分混凝土强度等级的依据，也是影响其他力学性能指标的关键因素。本书根据《混凝土物理力学性能试验方法标准》（GB/T 50081—2019）的抗压强度试验规定，制作尺寸为100mm×100mm×100mm的立方体，养护至不同龄期后进行抗压强度试验，用于分析氧化石墨烯含量对抗压强度的影响以及强度发展规律。

4.1.1 试验方法

混凝土立方体试件抗压强度试验的步骤如下。

（1）将待测试件放在标准养护箱养护至龄期分别为1d、3d、7d、28d和56d，达到相应的养护龄期后，从养护地点取出试件检查其尺寸和外观形状，尺寸应符合国家标准的规定。

（2）试件取出后应及时进行试验，放置在试验机前，应将试件表面与上下承压板面擦拭干净。

（3）以试件成型时的侧面为承压面，应将试件放置在压力试验机的垫板上，确保试件的中心与试验机下压板中心对准。开动压力试验机，试件表面与上、下承压板或垫板应均匀接触。

（4）以 0.8～1.0MPa/s 的速率连续均匀地加载，试件接近破坏开始急剧变形时，应停止调整试验机油门，直至破坏，记录破坏荷载。抗压强度试验如图 4-1 所示。

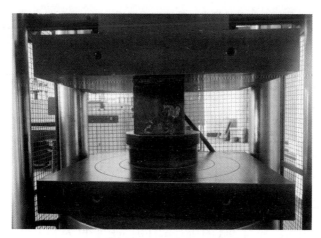

图 4-1　抗压强度试验

混凝土立方体试件的抗压强度按式（4-1）计算：

$$f_{cu} = \frac{F}{A} \tag{4-1}$$

式中：f_{cu} 为混凝土立方体试件抗压强度，MPa，计算结果应精确至 0.1MPa；F 为混凝土立方体试件破坏荷载，N；A 为混凝土立方体试件承压面积，试验中取为 10000mm^2。

抗压强度的确定应符合下列规则：

● 三个试件测试值的算术平均值作为该组试件的抗压强度。

● 三个测值中的最大值或最小值中如有一个与中间值的差超过中间值的

15%，则把最大值及最小值剔除，取中间值作为该组试件的抗压强度。

● 如最大值和最小值与中间值的差均超过中间值的 15%，则该组试件的试验结果无效。

最后，整理试验结果数据，分别绘制抗压强度随龄期变化的关系曲线和抗压强度随氧化石墨烯添加量变化的关系曲线，总结变化规律，并进行成因分析。

4.1.2 结果分析

（1）抗压强度试验结果及变化规律。不同氧化石墨烯添加量下高强轻质混凝土的抗压强度试验结果见表 4-1，变化曲线如图 4-2 和图 4-3 所示。

表 4-1 不同氧化石墨烯添加量下高强轻质混凝土抗压强度试验结果

编号	抗压强度实测值/MPa					抗压强度增长率/%				
	1d	3d	7d	28d	56d	1d	3d	7d	28d	56d
GO-0	31.7	40.4	49.5	61.9	63.1	0	0	0	0	0
GO-2	32.0	45.2	53.5	64.9	66.9	0.9	11.9	8.0	4.8	6.0
GO-4	33.3	51.2	59.2	71.2	73.8	5.0	26.7	19.6	15.1	17.0
GO-5	34.8	55.7	63.5	74.3	77.5	9.5	37.8	28.2	20.1	22.7
GO-6	34.4	53.9	59.9	72.7	74.3	8.5	33.4	20.9	17.6	17.7
GO-8	33.1	50.8	56.4	69.3	70.9	4.4	25.7	13.9	11.9	12.4

由表 4-1 可知，龄期为 28d 的所有试件的抗压强度为 61.9～74.3MPa，符合设计强度 LC60 的要求。结合第 3 章的密度测试结果得知，本书中设计的是一种密度为 1696～1728kg/m³、抗压强度为 61.9～74.3MPa 的高强轻质混凝土。结合图 4-2 可知，在同一龄期下，添加了氧化石墨烯试件的抗压强度均高于没有添加氧化石墨烯试件的，这说明氧化石墨烯可以提升高强轻质混凝土的抗压强度。随着氧化石墨烯添加量的增加，混凝土试件的抗压强度均呈现出先增大后减小的趋势。当氧化石墨烯添加量为 0.05%时，抗压强度达到最大值。当龄期为 28d，GO-5 的抗压强度相比 GO-0 增加了 12.4MPa，增长率为 20.1%。Chu 等人[71]在将氧化石墨烯用于提升用再生砂制备的高性能混凝土（RS-UHPC）性能的研究中得到了类似的结论：氧化石墨烯最优添加量为 0.05%，抗压强度最大提升了 16.83%。而 Yu

等人[62]在利用建筑和拆迁废弃物制备高性能混凝土研究中发现，当氧化石墨烯添加量为 0.06% 时，力学性能达到最优，抗压强度提升了 16.04%。

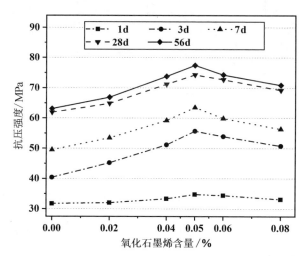

图 4-2　不同龄期的高强轻质混凝土的抗压强度随氧化石墨烯含量变化曲线

　　图 4-3 为不同氧化石墨烯含量高强轻质混凝土的抗压强度随龄期变化曲线。抗压强度在早期（1～7d）提升速率较快，在后期提升速率变得缓慢。特别是在早期，添加了氧化石墨烯的试件抗压强度增幅明显高于没有添加氧化石墨烯的试件。同样地，当氧化石墨烯添加量为 0.05% 时，抗压强度提升达到最优。GO-4、GO-5和 GO-6 的 3d 抗压强度略微高于 GO-0 的 7d 抗压强度，而 GO-5 的 7d 抗压强度与 GO-0 的 28d 抗压强度非常接近，这说明氧化石墨烯可以加速抗压强度的形成，从而缩短养护时间。在工程建设中，这一优势对加快施工模板周转，降低施工成本起到重要作用[72]。

　　当氧化石墨烯含量增加时，页岩陶粒高强轻质混凝土的抗压强度呈现先增加后减小的趋势，主要归因于以下几个因素。

　　1）氧化石墨烯的分散性和聚集性。随着氧化石墨烯添加量的增加，其分散效果逐步得到改善，氧化石墨烯颗粒在混凝土中更均匀地分散，这有助于提高混凝土的内聚力和强度，从而增大抗压强度。然而，当氧化石墨烯添加量过高时，氧化石墨烯颗粒因无法溶解而可能开始出现聚集现象，导致颗粒团块的形成，这样的聚集现象会导致混凝土的均匀性降低，而抗压强度随之减小。

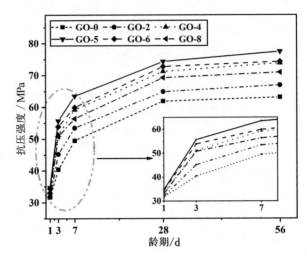

图 4-3　不同氧化石墨烯含量高强轻质混凝土的抗压强度随龄期变化曲线

2）混凝土-氧化石墨烯的界面黏结力。适量的氧化石墨烯添加可以与混凝土基质形成较好的相互作用，并提高混凝土的内聚力和黏结强度，这有助于增大混凝土的抗压强度。然而，随着氧化石墨烯添加量的增加，石墨烯颗粒之间的相互作用可能会超过与混凝土基质的相互作用，这可能导致石墨烯颗粒之间的黏结力降低，从而减小混凝土的抗压强度。

3）氧化石墨烯的填充作用。适量的氧化石墨烯添加可以填充混凝土中的微观孔隙，提高混凝土的致密性和密实性，从而增大抗压强度。然而，当氧化石墨烯的添加量过高时，过多的石墨烯颗粒会填充骨料间隙，导致混凝土中的空隙率增加，这会降低混凝土的致密性和密实性，从而减小抗压强度。

4）对水化反应的影响：适量的氧化石墨烯添加可以促进混凝土的水化反应，改善混凝土的致密性和强度。然而，当氧化石墨烯添加量过高时，过多的石墨烯颗粒可能会占据部分水化反应的空间，阻碍水化产物的形成和混凝土的结构发育，这可能导致混凝土的抗压强度减小。

（2）比强度。混凝土比强度是指混凝土的抗压强度与其密度的比值，它综合考虑了混凝土的抗压强度和密度两个方面。具体来说，混凝土比强度的高低反映了混凝土在承受外部荷载时所能提供的抗力相对于其自身质量的比例。混凝土比强度是一个综合考虑混凝土抗压强度和密度的评估指标，具有在混凝土材料评估、结构设计和优化、材料选择和比较以及结构性能评估等方面的重要应用。

表 4-2 为添加不同含量氧化石墨烯时高强轻质混凝土的比强度。未添加氧化石墨烯试件（GO-0）的比强度为 36.5 kN·m³/kg，而氧化石墨烯含量为 0.05%试件（GO-5）的比强度最高，为 43.3 kN·m³/kg。由此可以看出，氧化石墨烯增加了高强轻质混凝土的比强度。随着氧化石墨烯含量的增加，比强度呈现出先增大后减小的趋势，这主要是因为添加的氧化石墨烯虽然没有大幅增加试件的质量，但显著提升了抗压强度。据报道，Shafigh 等人[73]以油棕榈熟料为粗骨料制成的轻集料混凝土的比强度为 30.9kN·m³/kg。Evangelista 等人[74]发现含膨胀页岩的高强轻质混凝土的比强度为 36.3kN·m³/kg。

表 4-2   添加不同含量氧化石墨烯时高强轻质混凝土的比强度

编号	密度/（kg/m³）	抗压强度/MPa	比强度/（kN·m³/kg）
GO-0	1696	61.9	36.5
GO-2	1705	64.9	38.0
GO-4	1712	71.2	41.6
GO-5	1715	74.3	43.3
GO-6	1719	72.7	42.3
GO-8	1728	69.3	40.1

4.2   氧化石墨烯对高强轻质混凝土抗折强度的影响

抗折强度是指在弯曲荷载作用下，混凝土能够抵抗弯曲破坏的能力。抗折强度主要体现混凝土的强度、承载能力、韧性、延性和断裂韧度等方面性能。本书根据《混凝土物理力学性能试验方法标准》（GB/T 50081—2019）的抗折强度试验规定，制作尺寸为 100mm×100mm×400mm 的棱柱体，养护至龄期为 28d 进行抗折强度试验，用于分析氧化石墨烯含量对抗折强度的影响。

4.2.1   试验方法

混凝土棱柱体试件的抗折强度的试验步骤如下。

（1）将待测试件放在标准养护箱养护至龄期 28d，达到龄期后，从养护地点取出试件检查其尺寸和外观形状，尺寸应符合国家标准的规定。

（2）试件取出后应及时进行试验，放置在试验机前，应将试件表面擦拭干净，并在试件侧面画出加荷线位置。

（3）试件安装时，可调整支座和加荷位置，安装尺寸偏差不得大于 1mm。以试件成型时的侧面为承压面。

（4）以 0.08～0.1MPa/s 的速率连续均匀地加载，试件接近破坏开始急剧变形时，应停止调整试验机油门，直至破坏，记录破坏荷载及试件断裂位置。抗折强度试验如图 4-4 所示。

图 4-4 抗折强度试验

混凝土棱柱体试件的抗折强度按式（4-2）计算：

$$f_r = \frac{Fl}{bh^2} \qquad (4\text{-}2)$$

式中：f_r 为混凝土试件抗折强度，MPa，计算结果应精确至 0.01MPa；F 为混凝土试件破坏荷载，N；l 为支座间跨度，mm；h 为试件截面高度，mm；b 为试件截面宽度，mm。

抗折强度的确定应符合下列规则：

● 三个试件中若有一个折断面位于两个集中荷载之外，则混凝土抗折强度按照另外两个试件的测试结果计算。

● 若这两个测值的差值不大于这两个测值的较小值的15%，则该组试件的抗折强度按照这两个测值的平均值计算，否则该组试件的试验无效。

● 若有两个试件的下边缘断裂位置位于两个集中荷载作用线之外，则视为该组试件试验无效。

最后，整理试验结果数据，绘制抗折强度随氧化石墨烯添加量变化的关系曲线，总结变化规律，并进行成因分析。

4.2.2 结果分析

（1）抗折强度试验结果及变化规律。不同氧化石墨烯添加量下高强轻质混凝土的抗折强度试验结果见表4-3，变化曲线如图4-5所示。

表 4-3　不同氧化石墨烯添加量下高强轻质混凝土的抗折强度试验结果

编号	抗折强度/MPa	增长率/%	折压比/%
GO-0	6.47	0	10.5
GO-2	7.23	11.7	11.1
GO-4	8.11	25.3	11.4
GO-5	8.69	34.3	11.7
GO-6	8.34	28.9	11.5
GO-8	8.25	27.5	11.9

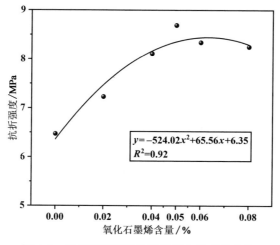

图 4-5　抗折强度随氧化石墨烯含量变化曲线

由表 4-3 可知，添加了氧化石墨烯试件的抗折强度均高于没有添加氧化石墨烯试件的，这说明氧化石墨烯可以提升高强轻质混凝土的抗折强度。结合图 4-5 可知，与抗压强度变化趋势类似，随着氧化石墨烯添加量的增加，混凝土试件的抗折强度均呈现出先增大后减小的趋势，其具有相关性较好的抛物线拟合关系。当氧化石墨烯添加量为 0.05% 时，抗折强度达到最大值，增长率为 34.3%。Chu 等人[71]在将氧化石墨烯用于提升用再生砂制备的高性能混凝土（RS-UHPC）性能的研究中得到了类似的结论：氧化石墨烯最优添加量为 0.05%，抗折强度最大提升了 26.62%。而 Yu L 等人[62]在利用建筑和拆迁废弃物制备高性能混凝土研究中发现，当氧化石墨烯添加量为 0.06% 时，力学性能达到最优，抗折强度提升了 23.4%。

混凝土的抗折强度与抗压强度之间的比值称为折压比，通过了解混凝土的抗折性能与抗压性能之间的关系，可以评估混凝土的整体质量和工艺控制情况，所以折压比是一个重要的韧性指标。较高的折压比通常意味着混凝土的抗折性能相对较好。研究表明，一般的轻集料混凝土的折压比低于普通混凝土的[75]。Shetty 等人[76]发现抗压强度不小于 25MPa 的混凝土的折压比在 8%～10% 之间。Omar 和 Mohamed[77]通过试验证实了高强轻质混凝土的折压比在 9%～11% 之间。由表 4-3 可知，不含氧化石墨烯的试验组（GO-0）的折压比为 10.5%，而添加了氧化石墨烯的试验组（GO-2、GO-4、GO-5、GO-6 和 GO-8）的折压比为 11.1%～11.9%，这也说明了氧化石墨烯对混凝土的增韧效果更加显著。

氧化石墨烯增强高强轻质混凝土抗折强度的原因与增强抗压强度的类似，但氧化石墨烯增强抗折强度的效果优于增强抗压强度的效果，这是由粗集料的多孔特性决定。与高性能混凝土不同的是，页岩陶粒混凝土的强度不是由骨料的强度提供，更多的是依靠骨料和水泥膏体之间界面的机械联锁作用。基于页岩陶粒的多孔特性，氧化石墨烯一方面使界面区更加致密和均匀，另一方面通过"桥接"强化界面区的机械联锁作用，从而使增韧的作用更加显著[55]。

（2）抗折强度与抗压强度关系分析。建立关于抗折强度与抗压强度的经验关系在工程设计与施工过程质量控制中有很大的实际意义。研究表明，在同一试验环境下，混凝土的抗折强度与抗压强度存在着密切的相关关系。而原材料、水灰比、水泥种类等因素会影响混凝土的力学性能，因而这种相关关系具有一定的适用性[78]。目前已建立许多关于轻集料混凝土的经验公式。

1）Shafigh 等人[79]推导了以油棕壳为骨料制备轻集料混凝土的抗折强度与抗压强度的关系式：

$$f_r = 0.12 f_{cu}^{1.03} \quad (4-3)$$

2）Lo 等人[80]推导了用膨胀黏土轻骨料制备轻集料混凝土的抗折强度与抗压强度的关系式：

$$f_r = 0.69\sqrt{f_{cu}} \quad (4-4)$$

3）欧洲混凝土委员会—国际预应力协会[81]提出了膨胀页岩轻集料混凝土的抗折强度与抗压强度的关系式：

$$f_r = 0.46\sqrt[3]{f_{cu}^2} \quad (4-5)$$

4）Zhang 和 Gjvorv[82]提出了高强轻质混凝土的抗折强度与抗压强度的关系式：

$$f_r = 0.73\sqrt{f_{cu}} \quad (4-6)$$

5）Short 等人[83]提出了轻集料混凝土的抗折强度与抗压强度的关系式为：

$$f_r = 0.76\sqrt{f_{cu}} \quad (4-7)$$

以抗压强度试验数据为基础，根据式（4-3）至式（4-7）计算各个试验组的抗折强度预测值，用相对误差作为预测误差评定各个经验公式的预测精度，结果见表 4-4。结合不同经验公式的抗折强度预测曲线图 4-6 得知，式（4-3）的预测值均明显高于实测值，误差范围为 14%～30%；式（4-4）的预测值均明显低于实测值，误差范围为 16%～30%；式（4-6）和式（4-7）的预测误差接近，预测值均低于实测值，预测误差仍较大；式（4-5）表现出最佳的预测精度，误差范围为 3%～11%，平均误差为 5.5%。

表 4-4 不同推导公式的抗折强度预测结果对比

	编号	GO-0	GO-2	GO-4	GO-5	GO-6	GO-8
式（4-3）	预测值/MPa	8.40	8.82	9.71	10.15	9.93	9.44
	误差/%	30	22	20	17	19	14
式（4-4）	预测值/MPa	5.43	5.56	5.82	5.95	5.88	5.74
	误差/%	16	23	28	32	29	30

续表

编号		GO-0	GO-2	GO-4	GO-5	GO-6	GO-8
式（4-5）	预测值/MPa	7.20	7.43	7.90	8.13	8.02	7.76
	误差/%	11	3	3	6	4	6
式（4-6）	预测值/MPa	5.74	5.88	6.16	6.29	6.23	6.08
	误差/%	11	19	24	28	25	26
式（4-7）	预测值/MPa	5.98	6.12	6.41	6.55	6.48	6.32
	误差/%	8	15	21	25	22	23

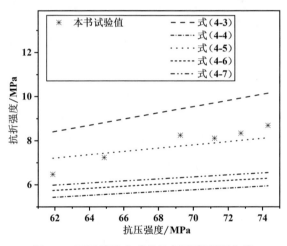

图 4-6 不同经验公式的抗折强度预测曲线

4.3 氧化石墨烯对高强轻质混凝土劈裂抗拉强度的影响

劈裂抗拉强度是指混凝土在受到拉力作用下，沿着某个平面发生劈裂破坏时所能承受的最大拉应力。它是了解其在受拉荷载下的行为和性能的重要指标。通过研究劈裂抗拉强度，可以深入了解混凝土的裂缝扩展行为、破坏机制以及对力学性能的影响。本书根据《混凝土物理力学性能试验方法标准》（GB/T 50081—2019）的劈裂抗拉强度试验规定，制作尺寸为 100mm×100mm×100mm 的立方体，养护至龄期为 28d 进行劈裂抗拉强度试验，用于分析氧化石墨烯含量对劈裂抗拉强度的影响。

4.3.1 试验方法

混凝土立方体试件的劈裂抗拉强度的试验步骤如下。

（1）将待测试件放在标准养护箱养护至龄期 28d，达到龄期后，从养护地点取出试件检查其尺寸和外观形状，尺寸应符合国家标准的规定。

（2）试件取出后应及时进行试验，放置在试验机前，应将试件表面与上、下承压板面擦拭干净，并在试件顶面和底面中部画出相互平行的直线，确定出劈裂面的位置。

（3）安装试件时，将试件放在试验机下承压板的中心位置，劈裂承压面和劈裂面应与试件成型时的顶面垂直；在上、下压板与试件之间垫以圆弧形垫块及垫条各一块，确保垫块与垫条应与试件上、下面的中心线对准，且与成型时的顶面垂直。

（4）开启试验机，试件表面与上、下承压板或钢垫板应均匀接触。以 0.08～0.1MPa/s 的速率连续均匀地加载，试件接近破坏开始急剧变形时，应停止调整试验机油门，直至破坏，记录破坏荷载及试件断裂位置，断裂面应垂直于承压面。劈裂抗拉强度试验如图 4-7 所示。

图 4-7　劈裂抗拉强度试验

混凝土立方体试件的劈裂抗拉强度按式（4-8）计算：

$$f_t = \frac{2F}{\pi A} = 0.637 \frac{F}{A} \qquad (4\text{-}8)$$

式中：f_t 为混凝土立方体试件劈裂抗拉强度，MPa，计算结果应精确至 0.01MPa；F 为混凝土立方体试件破坏荷载，N；A 为混凝土立方体试件劈裂面面积，mm^2。

劈裂抗拉强度的确定应符合下列规则：

● 三个试件测试值的算术平均值作为该组试件的劈裂抗拉强度。

● 三个测值中的最大值或最小值中如有一个与中间值的差超过中间值的
  15%，则把最大值及最小值剔除，取中间值作为该组试件的劈裂抗拉强度。

● 如最大值和最小值与中间值的差均超过中间值的 15%，则该组试件的试
  验结果无效。

最后，整理试验结果数据，绘制劈裂抗拉强度随氧化石墨烯添加量变化的关系曲线，总结变化规律，并进行成因分析。

4.3.2　结果分析

（1）劈裂抗拉强度试验结果及变化规律。不同氧化石墨烯添加量下高强轻质混凝土的劈裂抗拉强度试验结果见表 4-5，变化曲线如图 4-8 所示。由表 4-5 可知，添加了氧化石墨烯试件的劈裂抗拉强度均高于没有添加氧化石墨烯试件的，这说明氧化石墨烯可以提升高强轻质混凝土的劈裂抗拉强度。结合图 4-8 可知，与抗压强度、抗折强度变化趋势类似，随着氧化石墨烯添加量的增加，混凝土试件的劈裂抗拉强度均呈现出先增大后减小的趋势，其具有相关性较好的抛物线拟合关系。该试验中所有试验组的劈裂抗拉强度范围为 4.21～5.23MPa。当氧化石墨烯添加量为 0.05%时，劈裂抗拉强度达到最大值，增长率为 24.4%。Kockal 和 Ozturan[84]通过大量试验得知，结构轻集料混凝土 28d 龄期的劈裂抗拉强度要求应大于 2.0MPa。Chu 等人[71]在将氧化石墨烯用于提升用再生砂制备的高性能混凝土（RS-UHPC）性能的研究中得到了类似的结论：氧化石墨烯最优添加量为 0.05%，劈裂抗拉强度最大提升了 29.54%。而 Yu 等人[62]在利用建筑和拆迁废弃物制备高性能混凝土研究中发现，当氧化石墨烯添加量为 0.06%时，力学性能达到最优，劈裂抗拉强度提升了 30.5%。

表 4-5　不同氧化石墨烯添加量下高强轻质混凝土的劈裂抗拉强度试验结果

编号	劈裂抗拉强度/MPa	增长率/%	拉压比/%
GO-0	4.21	0	6.8
GO-2	4.65	10.5	7.2
GO-4	4.92	17.0	6.9
GO-5	5.23	24.4	7.0
GO-6	5.13	21.9	7.0
GO-8	4.95	17.6	7.1

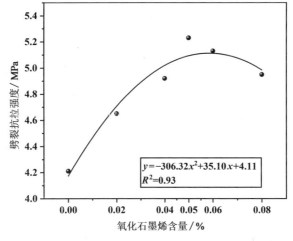

图 4-8　劈裂抗拉强度随氧化石墨烯含量变化曲线

混凝土的劈裂抗拉强度与抗压强度之间的比值称为拉压强度比,简称拉压比,通过掌握混凝土的劈裂抗拉性能与抗压性能之间的关系,可以评估混凝土在拉力作用下的承载力,所以拉压比是反映混凝土脆性的一个重要指标。另外,较高的拉压比通常意味着混凝土的劈裂抗拉强度相对抗压强度提升较快,抵抗脆性的能力增强,对抗震较为有利。研究表明,一般的轻集料混凝土的拉压比低于普通混凝土的[85]。研究表明,普通混凝土的比例为8%～14%,高强轻质混凝土在连续湿养护下的拉压比一般为 6%～7%[77]。而高性能混凝土的拉压比约为 5.6%～6.7%[86]。由表 4-5 可知,不含氧化石墨烯的试验组(GO-0)的拉压比为 6.8%,属于高强轻质混凝土拉压比的范畴。而添加了氧化石墨烯的试验组(GO-2、GO-4、GO-5、GO-6 和 GO-8)的拉压比为 6.9%～7.2%,这也说明了氧化石墨烯对混凝土的增韧效果，对提高抵抗脆性的能力有一定的帮助。

当氧化石墨烯含量增加时，页岩陶粒高强轻质混凝土的劈裂抗拉强度呈现先增加后减小的趋势，主要归因于以下几个因素。

1）氧化石墨烯的高强度和刚度。混凝土在受拉力作用下容易发生裂纹，而添加适量的氧化石墨烯可以有效地阻止裂纹的扩展。氧化石墨烯的高强度和刚度使其能够吸收和分散拉力，从而减缓裂纹的扩展速度。这种抑制裂纹扩展的效果可以提高混凝土的劈裂抗拉强度。然而，当氧化石墨烯含量过高时，其分散性能可能受到限制，导致聚集和团聚现象。这种聚集和团聚现象可能会导致局部应力集中和裂纹的形成，从而降低劈裂抗拉强度。

2）混凝土-氧化石墨烯的界面相互作用。适量的氧化石墨烯添加可以改善氧化石墨烯与混凝土基质之间的界面相互作用，增强二者的结合强度。这种界面相互作用可以有效地传递应力，提高劈裂抗拉强度。然而，当氧化石墨烯含量过高时，界面相互作用可能达到饱和状态，过多的氧化石墨烯可能无法与混凝土基质良好结合，从而降低界面的强度和传递应力的能力，导致劈裂抗拉强度的下降。

3）氧化石墨烯的填充作用。适量的氧化石墨烯添加可以填充混凝土内部的微观孔隙，提高混凝土的致密性和强度，进而增加劈裂抗拉强度。然而，当氧化石墨烯含量过高时，填充效应可能达到饱和状态，进一步增加氧化石墨烯的含量可能无法带来更多的益处，甚至可能导致混凝土内部的孔隙率增加，降低混凝土的致密性和强度，从而导致劈裂抗拉强度的下降。

（2）劈裂抗拉强度与抗压强度关系分析。劈裂抗拉强度与抗压强度的关系对于确定混凝土结构的受力性能、抗震能力和耐久性能等方面具有重要意义。目前许多学者已建立许多关于劈裂抗拉强度与抗压强度的经验公式。

1）Shafigh 等人[79]推导了以油棕壳为骨料制备轻集料混凝土的劈裂抗拉强度与抗压强度的关系式：

$$f_t = 0.4887 f_{cu}^{0.5} \tag{4-9}$$

2）Neville[87]推导了用高炉炉渣制备轻集料混凝土的劈裂抗拉强度与抗压强度的关系式：

$$f_t = 0.23\sqrt[3]{f_{cu}^2} \tag{4-10}$$

3）Khan 和 Lynsdale[88]提出了抗压强度范围在 25～115MPa 的混凝土的劈裂抗拉强度与抗压强度的关系式：

$$f_t = 0.14 f_{cu}^{0.85} \qquad (4\text{-}11)$$

4）Gesoglu 等人[89]提出了粉煤灰轻集料混凝土的劈裂抗拉强度与抗压强度的关系式：

$$f_t = 0.27 \sqrt[3]{f_{cu}^2} \qquad (4\text{-}12)$$

5）Babu 等人[90]提出了轻集料混凝土的劈裂抗拉强度与抗压强度的关系式：

$$f_t = 0.358 f_{cu}^{0.675} \qquad (4\text{-}13)$$

以抗压强度试验数据为基础，根据式（4-9）至式（4-13）计算各个试验组的劈裂抗拉强度预测值，用相对误差作为预测误差评定各个经验公式的预测精度，结果见表 4-6。结合不同经验公式的劈裂抗拉强度预测曲线图 4-9 得知，式（4-9）的预测值均明显低于实测值，误差范围为 9%～19%；式（4-10）的预测值相比式（4-9）较小，误差增大，范围为 14%～22%；式（4-11）的预测值略高于实测值，误差范围为 4%～11%，平均误差为 5.8%，预测精度较高。式（4-12）的预测值略低于实测值，预测误差范围为 0%～9%，平均误差为 6.2%，预测精度也较高；而式（4-13）的预测值明显高于实测值，预测误差较大，达到了 25%～38%。综上所述，式（4-11）和式（4-12）在该研究中具有最佳的预测效果。

表 4-6　不同推导公式的劈裂抗拉强度预测结果对比

编号		GO-0	GO-2	GO-4	GO-5	GO-6	GO-8
式（4-9）	预测值/MPa	3.84	3.94	4.12	4.21	4.17	4.07
	误差/%	9	15	16	19	19	18
式（4-10）	预测值/MPa	3.60	3.71	3.95	4.07	4.01	3.88
	误差/%	14	20	20	22	22	22
式（4-11）	预测值/MPa	4.67	4.86	5.26	5.45	5.35	5.13
	误差/%	11	5	7	4	4	4
式（4-12）	预测值/MPa	4.22	4.36	4.64	4.77	4.70	4.55
	误差/%	0	6	6	9	8	8
式（4-13）	预测值/MPa	5.80	5.98	6.37	6.56	6.47	6.25
	误差/%	38	29	29	25	26	26

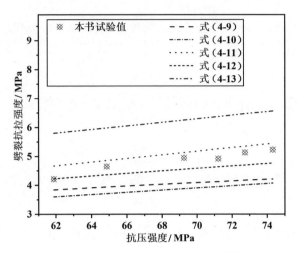

图 4-9　不同经验公式的劈裂抗拉强度预测曲线

4.4　氧化石墨烯对高强轻质混凝土抗压弹性模量的影响

抗压弹性模量也称为杨氏模量，是指材料的应力和应变在弹性变形阶段呈现出正比例的关系，这个比例关系的比例系数称为弹性模量。混凝土的抗压弹性模量通常在工程中用来估算混凝土在受压加载时的应变性能。抗压弹性模量是混凝土的一个重要物理特性，它描述了混凝土在受压加载时的刚度和变形能力。测试混凝土抗压弹性模量的目的是确定混凝土材料在受压力作用下的弹性性能，为结构设计、分析和质量控制提供必要的信息，以确保结构的安全和可靠性。本书根据《混凝土物理力学性能试验方法标准》（GB/T 50081—2019）的抗压弹性模量试验规定，制作尺寸为 150mm×150mm×300mm 的棱柱体，养护至龄期为 28d 进行抗压弹性模量试验，用于分析氧化石墨烯含量对抗压弹性模量的影响。

4.4.1　试验方法

混凝土棱柱体试件的抗压弹性模量的试验步骤如下。

（1）将待测试件放在标准养护箱养护至龄期 28d，达到龄期后，从养护地点取出试件检查其尺寸和外观形状，尺寸应符合国家标准的规定。

（2）试件取出后应及时进行试验，每次试验应制备两组试件，每组试件 3 个，其中 3 个用于测定轴心抗压强度，另外 3 个用于测定抗压弹性模量。

（3）在测定混凝土弹性模量时，千分表应安装在试件两侧的中线上并对称于试件的两端。千分表应固定在变形测量架上，试件的测量标距为 150mm，由标距定位杆定位，将变形测量架通过紧固螺钉固定。

（4）放置在试验机前，应将试件表面与上、下承压板面擦拭干净，并将试件直立放置在试验机的下压板或钢垫板上，确保试件轴心与下压板中心对准。

（5）开启试验机，试件表面与上、下承压板或钢垫板应均匀接触。应加荷至基准应力为 0.5MPa 的初始荷载 F_0，保持恒载 60s 并在以后的 30s 内记录每测点的变形读数 ε_0。应立即连续均匀地加载至应力为轴心抗压强度 f_{cp} 的 1/3 时的荷载值 F_a，保持恒载 60s 并在以后的 30s 内记录每测点的变形读数 ε_a。在试验过程中应连续均匀地加载，棱柱体混凝土试件轴心抗压强度不小于 60MPa 时，加载速度宜取 0.8～1MPa/s。

（6）左右两侧的变形值之差与它们平均值之比大于 20%时，应重新对中试件后重复第（5）步操作。当无法使其减少到小于 20%时，此次试验无效。

（7）在确认试件的对中符合第（6）步的规定后，以与加载速度相同的速度卸载至基准应力 0.5MPa（F_0），恒载 60s；应用同样的加载和卸载速度以及 60s 的保持恒载（F_0 和 F_a）至少进行两次反复预压。在最后一次预压完成后，应在基准应力 0.5MPa（F_0）时保持恒载 60s 并在以后的 30s 内记录每测点的变形读数 ε_0；再用同样的加载速度加载至 F_a，保持恒载 60s 并在以后的 30s 内记录每测点的变形读数 ε_a。

（8）卸除变形测量仪，应以同样的速度加载至破坏，记录破坏荷载。抗压弹性模量试验如图 4-10 所示。

混凝土棱柱体试件的抗压弹性模量按式（4-14）计算：

$$E_c = \frac{F_a - F_0}{A} \frac{L}{\Delta n} \qquad (4\text{-}14)$$

其中
$$\Delta n = \varepsilon_a - \varepsilon_0 \qquad (4\text{-}15)$$

式中：E_c 为混凝土抗压弹性模量，MPa，计算结果应精确至 100MPa；F_a 为应力为 1/3 轴心抗压强度时的荷载，N；F_0 为应力为 0.5MPa 时的初始荷载，N；L 为测量标距，mm；Δn 为最后一次从 F_0 加载至 F_a 时试件两侧变形的平均值，mm；ε_a 为荷载为 F_a 时试件两侧变形的平均值，mm；ε_0 为荷载为 F_0 时试件两侧变形的平均值，mm。

图 4-10　抗压弹性模量试验

抗压弹性模量值的确定应符合下列规则：

- 三个试件测试值的算术平均值作为该组试件的抗压弹性模量，精确至 100MPa。

- 当其中有一个试件在测定弹性模量后的轴心抗压强度与用以确定检验控制荷载的轴心抗压强度相差超过后者的 20% 时，弹性模量应按其余两个试件测试值的算术平均值计算。

- 当有两个试件在测定弹性模量后的轴心抗压强度与用以确定检验控制荷载的轴心抗压强度相差超过后者的 20% 时，此次试验无效。

最后，整理试验结果数据，绘制抗压弹性模量随氧化石墨烯添加量变化的关系曲线，总结变化规律，并进行成因分析。

4.4.2　结果分析

（1）抗压弹性模量试验结果及变化规律。不同氧化石墨烯添加量下高强轻质混凝土的抗压弹性模量试验结果见表 4-7，变化曲线如图 4-11 所示。

表 4-7　不同氧化石墨烯添加量下高强轻质混凝土的抗压弹性模量试验结果

编号	抗压弹性模量/GPa	增长率/%	E/c /%
GO-0	20.79	0	33.6
GO-2	22.31	7.3	34.4
GO-4	23.85	14.7	33.5
GO-5	24.23	16.5	32.6
GO-6	23.96	15.3	33.0
GO-8	22.76	9.5	32.8

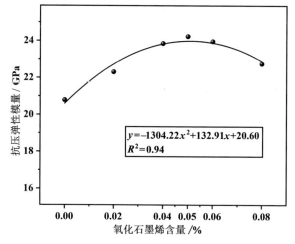

图 4-11　抗压弹性模量随氧化石墨烯含量变化曲线

　　由表 4-7 可知，添加了氧化石墨烯试件的抗压弹性模量均高于没有添加氧化石墨烯试件的，这说明氧化石墨烯可以提升高强轻质混凝土的抗压弹性模量。结合图 4-11 可知，与其他力学性能指标的变化趋势类似，随着氧化石墨烯添加量的增加，混凝土试件的抗压弹性模量均呈现出先增大后减小的趋势，其具有相关性较好的抛物线拟合关系。该试验中所有试验组的劈裂抗拉强度范围为 20.79～24.23GPa。当氧化石墨烯添加量为 0.05% 时，抗压弹性模量达到最大值，增长率为 16.5%。粗骨料的种类和数量是影响混凝土抗压弹性模量的关键因素。CEB-FIP[81]于 1977 年报道了正常质量骨料的抗压弹性模量一般高于轻骨料，轻骨料的抗压弹性模量小于水泥砂浆，一般在 5～28GPa 范围内。因此，该研究中所有页岩陶粒高强轻质混凝土的抗压弹性模量降低的主要原因之一是使用了抗压弹性模量较低的页岩陶粒。Holm 和 Bremner[91]通过试验验证了正常密度骨料的抗压弹性模量高于轻密度骨料。Neville 等人[87]发现同一等级的轻质混凝土的抗压弹性模量比普通混凝土低 25%～50%。Mirjana 等人[92]报道了密度约为 1700kg/m^3 的轻质混凝土的抗压弹性模量约为普通混凝土抗压弹性模量的 50%。

抗压弹性模量是材料对应力的响应能力的衡量，而抗压强度则是材料承受压力的能力。混凝土抗压弹性模量与抗压强度的比值，通常称为 E/c 值。E/c 值可以用来评估混凝土结构的刚度，即在给定的压力下，材料的变形能力。较高的 E/c 值表示混凝土结构相对刚性，对外部荷载产生的变形较小；E/c 值可以用来反映控制结构挠度的能力。混凝土结构在承受荷载时会发生变形，特别是在大跨度结构或需要控制挠度的情况下，E/c 值非常重要。较高的 E/c 值可以降低结构的挠度，有助于保持结构的稳定性和形状。由表 4-7 可知，该研究中所有试验组的 E/c 值范围为 32.6%～34.4%，这一范围略高于油棕榈熟料高强轻质混凝土。

当氧化石墨烯含量增加时，页岩陶粒高强轻质混凝土的劈裂抗拉强度呈现先增大后减小的趋势，主要归因于以下几个因素。

1）混凝土-氧化石墨烯的界面相互作用。适量的氧化石墨烯添加可以改善氧化石墨烯与混凝土基质之间的界面相互作用，增强二者的结合强度。这种界面相互作用可以有效地传递应力，提高混凝土的抗压弹性模量。然而，当氧化石墨烯含量过高时，界面相互作用可能达到饱和状态，过多的氧化石墨烯可能无法与混凝土基质良好结合，从而降低界面的强度和传递应力的能力，导致抗压弹性模量的下降。

2）氧化石墨烯的填充作用。适量的氧化石墨烯添加可以填充混凝土内部的微观孔隙，提高混凝土的致密性和强度，进而增加抗压弹性模量。然而，当氧化石墨烯含量过高时，填充效应可能达到饱和状态，进一步增加氧化石墨烯的含量可能无法带来更多的益处，甚至可能导致混凝土内部的孔隙率增加，降低混凝土的致密性和强度，从而导致抗压弹性模量的下降。

（2）抗压弹性模量与抗压强度关系分析。抗压弹性模量与抗压强度的关系涉及混凝土的力学性质。对混凝土材料进行研究和理论分析，深入探讨这种关系，有助于增加对混凝土材料性能的理解和认识，目前许多学者已建立许多关于抗压弹性模量与抗压强度的经验公式。

1）英国标准协会[93]提出了普通混凝土的抗压弹性模量与抗压强度的关系式：

$$E_c = 0.0017w^2 f_{cu}^{0.33} \tag{4-16}$$

2）欧洲混凝土委员会[81]提出了混凝土的抗压弹性模量与抗压强度的关系式：

$$E_c = 0.04w^{1.5} f_{cu}^{0.5} \tag{4-17}$$

3）Alengaram 等人[94]提出了 28d 立方体抗压强度 25～39MPa 的油棕壳轻质混凝土的抗压弹性模量与抗压强度的关系式：

$$E_c = 5(w/2400)^2 f_{cu}^{0.33} \tag{4-18}$$

4）Short 等人[83]提出了轻集料抗压弹性模量与抗压强度的关系式：

$$E_c = 0.0091(w/2400)^2 f_{cu}^2 \tag{4-19}$$

以抗压强度试验数据为基础，根据式（4-16）至式（4-19）计算各个试验组的抗压弹性模量预测值，用相对误差作为预测误差评定各个经验公式的预测精度，结果见表 4-8。结合不同经验公式的劈裂抗拉强度预测曲线图 4-12 得知，式（4-16）的预测值均低于实测值，误差范围为 10%～15%；式（4-17）的预测值最接近实测值，误差最小，范围为 0%～5%，平均误差为 2%；式（4-18）的预测值均明显低于实测值，预测误差范围为 54%～57%，说明式（4-18）适用性较差。式（4-19）的预测效果在试验组 GO-0 和 GO-2 表现不佳，预测误差分别为 18%和 14%，但是在其他试验组（GO-4、GO-5、GO-6 和 GO-8）有较高的预测精度，误差范围为 1%～5%。综上所述，欧洲混凝土委员会提出的混凝土的抗压弹性模量与抗压强度的关系式在该研究中具有最佳的预测效果。

表 4-8　不同推导公式的抗压弹性模量预测结果对比

编号		GO-0	GO-2	GO-4	GO-5	GO-6	GO-8
式（4-16）	预测值/GPa	18.79	19.38	20.22	20.60	20.50	20.44
	误差/%	10	13	15	15	14	10
式（4-17）	预测值/GPa	21.73	22.51	23.78	24.38	24.16	23.82
	误差/%	5	1	0	1	1	5
式（4-18）	预测值/GPa	9.59	9.90	10.32	10.52	10.47	10.44
	误差/%	54	56	57	57	56	54

续表

编号		GO-0	GO-2	GO-4	GO-5	GO-6	GO-8
式（4-19）	预测值/GPa	17.15	19.14	23.31	25.50	24.47	22.52
	误差/%	18	14	2	5	2	1

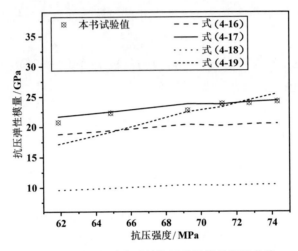

图 4-12　不同经验公式的抗压弹性模量预测曲线

4.5　本　章　小　结

本章基于氧化石墨烯增强页岩陶粒混凝土的抗压强度试验、抗折强度试验、劈裂抗拉强度试验和抗压弹性模量试验，探讨了氧化石墨烯添加量对混凝土力学性能的影响及原因，分析了各个力学性能指标的关系，得到了相关的经验公式的预测精度，以期为该材料在工程实践应用中提供一些参考。

（1）通过抗压强度试验结果得知，该书中配制的混凝土是一种密度为 1696~1728kg/m³、抗压强度为 61.9~74.3MPa 的高强轻质混凝土，且具有较好的比强度。这也说明了配合比设计方案是合理可行的。另外，氧化石墨烯可以提升早期的抗压强度。

（2）随着氧化石墨烯添加量的增加，页岩陶粒高强轻质混凝土的抗压强度、抗折强度、劈裂抗拉强度和抗压弹性模量均呈现先增大后减小的趋势，表明添加适量的氧化石墨烯可以显著提高高强轻质混凝土的力学性能。当氧化石墨烯添加量为 0.05%时，混凝土的力学性能达到最优。此时，抗压强度、抗折强度、劈裂抗拉强度和抗压弹性模量分别增长了 20.1%、34.3%、24.4%和 16.5%。

（3）分析和总结了氧化石墨烯改善高强页岩陶粒混凝土力学性能的原因。氧化石墨烯主要通过二维结构效应、强化作用、界面黏结和水化反应促进等机制，使力学性能得到改善。但是，具体原因需要通过后面章节的微观机理进行进一步分析和验证。

（4）通过折压比、拉压比等力学性能参数，进一步分析了所有实验组的力学性能关系。对比分析了目前常用的关于抗折强度、劈裂抗拉强度和抗压弹性模量的经验公式的适用性和误差。

第5章 氧化石墨烯对高强轻质混凝土 耐久性能的影响研究

混凝土的耐久性能是指混凝土在长期使用和暴露于各种自然环境条件下，能够保持其设计性能和预期寿命的能力，用于评估混凝土结构抵抗外界侵蚀和损害的能力，是保障混凝土结构寿命和可持续发展的关键要素之一[95]。

混凝土的耐久性能问题，如开裂、腐蚀和损伤等，会对结构的强度和稳定性产生负面影响。通过深入研究混凝土耐久性能，可以开发出更加耐久的混凝土配合比和结构设计，从而提高建筑物的寿命和可靠性。混凝土的生产对环境有一定的影响，包括原材料的采集、能源消耗和排放等。通过提高混凝土的耐久性能，可以减少维修和更换的需求，降低对原材料和能源的消耗，从而实现资源的节约和环境的保护。此外，耐久的混凝土减少了对环境的不利影响，如减少了有害物质的释放和污染。研究混凝土的耐久性可以帮助降低建筑物的维护和修复成本。当混凝土具有较高的耐久性时，减少了维修和更换的频率和费用，从而降低了建筑物的生命周期成本。混凝土结构的耐久性能与其安全性和可靠性密切相关。如果混凝土在使用过程中容易开裂、腐蚀或失去承载能力，将对建筑物和使用者的安全造成威胁。通过深入研究混凝土的耐久性能，可以提高结构的安全性和可靠性，确保建筑物在使用寿命内始终具备良好的结构性能。因此，研究混凝土耐久性对于延长建筑结构寿命、节约资源、保护环境、提升经济效益以及增强安全性和可靠性都具有重要意义[96]。

混凝土耐久性受到材料选择、配合比、施工工艺、环境条件等多个因素的影响[97]。通过综合考虑这些因素并采取适当的措施，可以提高混凝土的耐久性和使用寿命。混凝土的成分和材料选择对其耐久性至关重要。水泥、骨料、掺合料和化学添加剂的品质和性能直接影响混凝土的强度、抗裂性、耐蚀性等特性。选择高质量的材料，包括优质的水泥、骨料和掺合料，以及合适的化学添加剂，可以提高混凝土的耐久性。合理的配合比可以控制混凝土的坍落度、强度、致密性和抗裂性等特性，而良好的施工工艺可以确保混凝土的均匀性和密实性，减少开裂和缺陷的发生。潮湿、高温、低温、化学腐蚀物质和气候变化等环境因素都可能导致混凝土的病害。在设计和施工过程中，需要考虑混凝土所面临的环境条件，并采取相应的保护措施，如使用抗腐蚀材料、防水层和绝热材料等。

高强轻质混凝土作为一种力学性能优良的新型建筑材料，近年来凭借其独特的优势在我国得到迅速发展。但是，在工程实践中，高强轻质混凝土不仅用来提供承载力和满足安全使用，同时会受到各种不利的自然环境的长期影响，如温度变化、冻融破坏和酸性环境腐蚀等。相比普通混凝土，高强轻质混凝土是一种孔隙多、密度小、密实性欠佳的材料，在不利环境下可能会造成结构损伤，严重影响建筑物的长期使用。而轻集料混凝土在我国大规模使用的时间较短，关于耐久性能方面的研究有限，如果对其没有深刻的认识，在工程实践中必然会产生耐久性不良的隐患。所以除了获得优良的力学性能外，有必要对高强轻质混凝土的耐久性能开展试验研究，以此系统全面地评价该材料的综合性能，也为推广和发展高强轻质混凝土提供一些参考。本章主要通过抗氯离子渗透试验、抗硫酸盐腐蚀试验、抗冻试验和抗碳化试验四个方面的耐久性试验研究，深入探讨氧化石墨烯对高强轻质混凝土耐久性的影响。

5.1 氧化石墨烯对高强轻质混凝土抗氯离子渗透性能的影响

5.1.1 基本理论

（1）氯离子腐蚀钢筋的作用机理。硅酸盐水泥中含有大量的硅酸钙。在水化反应过程中，水分进入水泥颗粒的微观孔隙中，与硅酸钙发生反应生成水合物质，并释放出大量的 $Ca(OH)_2$。$Ca(OH)_2$ 的溶解度较低，易形成 $Ca(OH)_2$ 饱和溶液。$Ca(OH)_2$ 饱和溶液具有较高的碱性，pH 值为 12.5～13。$Ca(OH)_2$ 饱和溶液充满于混凝土孔隙中，使混凝土内部呈现碱性环境。这种碱性环境为钢筋提供了一层非常致密的钝化膜，能起到防止钢筋锈蚀的作用[98]。

当大量的外界氯离子侵入混凝土中时，会使钢筋的钝化膜受到破坏从而引起钢筋锈蚀。目前，关于氯离子引起钢筋锈蚀的机理主要有以下四类[99]。

1）局部酸化。当混凝土中存在氯离子时，氯离子会渗透到混凝土孔隙中，并与水和氧反应生成次氯酸。这种强酸会使钢筋表面阳极电解液的 pH 值被局部降低到 3.5 左右，从而使钝化膜被溶解。另外，次氯酸具有强氧化性，可以与钢筋表面的钢铁发生反应，形成铁离子和氯离子，并进一步促进钢筋的腐蚀过程。

2）降低电阻率。当氯离子进入混凝土中时，它们会与混凝土中的水分和其他离子形成电解质溶液，这会改变混凝土中的电导性质。氯离子作为电解质，增加了混凝土中的电解质浓度。由于氯离子的高电导性，它们能够提供电流的通道，使混凝土具有较低的电阻率，这意味着混凝土中的电流可以更容易地通过钢筋进行传导。在氯离子存在的情况下，电解质溶液中的氧气和水与钢筋发生反应，形成氧化物和氢氧化物。这些产物导致钢筋表面的碱度降低，破坏了钢筋的保护层，进而加速了钢筋的锈蚀。

3）催化作用。氯离子在钢筋腐蚀过程中作为催化剂，起到加速腐蚀进程的作用。在氯离子的催化作用下，微观电池的阳极反应产物 Fe^{2+} 被高速地"搬运"出去，不被滞留在阳极区，从而加速了钢筋腐蚀的进程。整个过程中，氯离子本身不被消耗，且可以不断地被循环利用。

4）形成腐蚀原电池。当混凝土中存在氯离子并具备一定的湿度时，形成了一个由钢筋、氯离子和水构成的腐蚀原电池体系。其中，钢筋作为阳极，混凝土中的氯离子和水作为阴极。在这个体系中，钢筋作为阳极逐渐被腐蚀，释放出铁离子和电子，而氯离子和水在阴极区域生成氢氧根离子。这些反应导致了钢筋的锈蚀和混凝土的损坏。

（2）抗氯离子渗透机理。环境中的氯离子侵入混凝土内部是一个复杂漫长的过程，主要通过水分传输或氯化物的扩散来实现。一旦氯离子进入混凝土中，它们与水化产物中的钙离子发生反应，导致水化产物的溶解。但随着水化产物的溶解，孔隙结构被破坏，导致孔隙扩大，从而使氯离子更容易在混凝土内部迅速扩散。这种扩散是由于浓度梯度的存在，即氯离子的浓度在混凝土内部较高的地方向浓度较低的地方传输。Collepardi[100]于 1972 年首次提出用菲克第二扩散定律来

描述氯离子在混凝土中的扩散过程，氯离子扩散方程为

$$\frac{\partial c}{\partial t} = \frac{\partial}{\partial x}\left(D\frac{\partial c}{\partial x} \right)$$ (5-1)

式中：c 为氯离子浓度，%；x 为扩散深度，mm；t 为扩散时间，s；D 为氯离子扩散系数，mm^2/s。

上述扩散方程的建立需满足以下几个假定条件：

1）混凝土是均质材料；

2）氯离子不与混凝土发生化学反应；

3）氯离子扩散系数必须是恒定常数；

4）氯离子在混凝土内部沿一个方向扩散；

5）混凝土表面氯离子浓度是个常量。

根据以上假定，可求得氯离子在混凝土中的扩散方程为

$$c(x,t) = c_0\left[1 - \mathrm{erf}\left(\frac{x}{2\sqrt{D_c t}} \right) \right]$$ (5-2)

式中：c_0 为初始氯离子浓度；erf 为高斯误差函数，其表达式为

$$\mathrm{erf}(x) = \frac{2}{\sqrt{\pi}}\int_0^\pi \exp(-x^2)\mathrm{d}x$$ (5-3)

混凝土在使用过程中所处的环境十分复杂，氯离子含量、环境温度、湿度都是不断变化的，所以菲克第二扩散定律的假设条件与实际情况存在诸多差异，菲克第二扩散定律在使用过程中有很多局限性。基于此，许多学者对菲克第二扩散定律提出了修正模型。1999 年，Mangat 等人[101]对龄期为 28d、90d 和 180d 的混凝土测试了氯离子扩散系数，发现氯离子扩散系数随着龄期的增加而逐渐降低，通过试验数据得到了氯离子扩散系数的经验公式为

$$D = t^{-m}$$ (5-4)

式中：m 为经验常数。

国内学者在氯离子扩散模型方面的研究也取得了许多成果。关博文等人[102]在现有的菲克第二扩散定律模型基础之上，综合考虑外部环境因素（温度、湿度、风速）与混凝土自身条件（龄期、氯离子吸附效应）对非饱和混凝土氯离子侵蚀

的影响，建立了干湿循环下混凝土氯离子传输模型并进行实验验证。通过实测数据与模拟结果的对比，发现二者有较高的吻合度，误差在允许范围内，说明该模型中所应用的理论和假设具有一定合理性和科学性。延永东等人[103]基于菲克第二扩散定律，结合了孔隙水渗流模型，考虑了氯离子浓度场对扩散的影响，建立了双重孔隙介质模型和二维扩散模型下的氯离子在开裂混凝土内的输运方程。通过对比裂缝附近不同时间混凝土内氯离子质量分数，证明了模型具有较高的预测精度。范颖芳[104]以氯离子扩散系数为参考建立了室内加速模拟环境试验结构与现场环境试验结构之间的相似关系，重点研究了长期在氯化物侵蚀作用下钢筋与混凝土之间的黏结性能，提出了氯化物腐蚀后钢筋与混凝土之间黏结强度计算模型。

（3）抗氯离子渗透性能影响因素。氯离子的渗透和腐蚀作用是一个渐进的复杂过程，并且受到多种内、外因素的影响。因此，在混凝土结构的设计和施工中，需要采取适当的措施来减少氯离子的渗透，以及实施防腐措施来保护钢筋免受氯离子引起的腐蚀。

1）混凝土配合比。混凝土的配合比直接影响其孔隙结构和密实性。低水灰比、适当的水泥用量和骨料粒径分布有利于减少混凝土中的孔隙数量和孔隙连通性，从而降低氯离子的渗透能力。

2）混凝土的密实性。密实的混凝土可以减少氯离子的渗透通道，从而提高抗氯离子渗透性能。密实性可以通过适当的振捣、充分填充和养护等方法来改善。

3）混凝土的含气量。混凝土中的气孔可以提供渗透通道，使氯离子更容易渗透。控制混凝土的含气量可以减少氯离子的渗透。

4）混凝土的添加剂。使用适当的添加剂，如减水剂、粉煤灰等，可以改善混凝土的抗氯离子渗透性能。减水剂可以提高混凝土的流动性，使其更易于密实；粉煤灰可以填充孔隙并改善混凝土的致密性。

5）混凝土的养护。养护是保证混凝土正常硬化和发展强度的重要环节。适当的湿养护可以降低混凝土开裂的可能性，提高混凝土的抗氯离子渗透性能。

6）混凝土的使用环境。混凝土的使用环境也会对其抗氯离子渗透性能产生影响。例如，高氯离子含量的地下水或海水环境会增加混凝土中氯离子的渗透风险。

5.1.2　试验方法

混凝土中的氯离子主要来源于以下两个方面：一是来源于混凝土的组成材料，比如混凝土中的水、骨料、胶凝材料等原材料或许是含氯化物的混凝土掺合料；二是来源于外界环境，环境中的氯离子可以通过大气中的氯化物、海水、海洋气溶胶等途径进入混凝土结构中。特别是在临海地区或海洋环境附近的建筑物，由于海水中含有较高浓度的氯离子，氯离子的渗透和积累更加明显。目前国内外关于测试混凝土抗氯离子渗透性能主要指的是来源于环境中的氯离子。根据测试的试验周期划分为两大类[105]：慢速法和快速法。慢速法以浸泡法为主，是将混凝土试件浸泡在氯盐溶液中一定时间，然后测量混凝土试件中的氯离子浓度。为了提高测试效率，许多快速测试方法被开发利用。其中，以《普通混凝土长期性能和耐久性能试验方法标准》（GB/T 50082—2009）中规定的电通量法和快速氯离子迁移系数法（RCM 法）使用最为广泛。本书按照 RCM 法使用北京某公司生产的 RCM-NTB 型氯离子扩散系数测定仪进行抗氯离子渗透试验，具体试验操作分为前期准备、正式试验和后期处理三个阶段。

（1）前期准备阶段。

1）试样准备。采用直径 100mm、高度 200mm 的试模制作不同氧化石墨烯添加量的高强轻质混凝土，每组试件数量不少于 3 个。试件拆模后浸没于标准养护室的水池中养护 28d。在试验前 7d 将试件切取成高度为（50±2）mm 的圆柱体作为试验用试样，并将切割面打磨光滑备用，如图 5-1 所示。

2）真空饱水处理。试验前一天取出试样，将试样表面刷洗干净，去除试样表面多余的水分，并检查试样表面是否完整，测量记录试样的直径和高度。采用北京某公司制造的真空饱水仪（NEL-VJH）（图 5-2）对试样进行真空饱水处理。饱水仪启动后应在 5min 内将真空容器中的气压降至 1～5kPa，并保持 3h。随后将饱和氢氧化钙溶液抽入仪器中，继续保持真空 1h 后，恢复常压浸泡 18h。取出试样，用电吹风冷风挡吹干试样表面，并保证试样干净、无油渍。

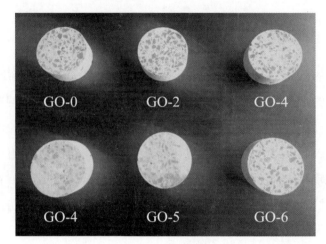

图 5-1　试样准备

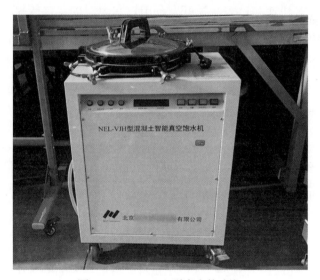

图 5-2　NEL-VJH 型真空饱水仪

3）试样安装。试验前，将试验设备的试验槽清洗干净，将试样套入橡胶套内的底部，并用套箍在橡胶套外侧与试样的上下表面等高位置箍紧，确保试样的圆柱侧面处于密封状态。在试验槽内安装好阴、阳极板，然后在阳极槽内注入 0.3mol/L 的氢氧化钠溶液约 300mL，在阴极槽内注入质量分数为 10% 的氯化钠溶液约 6L。

4）连接排线，开始正式试验，如图 5-3 所示。

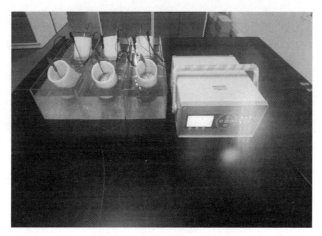

图 5-3　抗氯离子渗透试验

（2）正式试验阶段。

1）打开设备电源，调整电压至 30V，记录通过每个试样的初始电流。

2）根据初始电流，对照规范中的电压表，选择合适的加载电压，并记录试验加载电压下新的电流，持续规定的时间，测量此时每个试样阳极溶液的初始温度。

3）试验持续至规定的时间，测量混凝土试样阳极溶液的最终温度，并记录最终电流。

4）试验结束，切断电源，妥善处理试验溶液，并清洗试验设备。

（3）后期处理阶段。

1）试验结束后，取出试样并用清水冲洗，擦去试样表面多余的水分。

2）将试样侧面放置于压力试验机承台上沿轴向劈裂成两半，并在劈裂面上立即喷涂浓度为 0.1mol/L 的 $AgNO_3$ 溶液指示剂。

3）静置 15min 后，沿试样直径断面将其分成 10 等份，用防水笔描绘出渗透深度曲线。

4）测量试样底面至渗透深度曲线的高度，取测量数据的算术平均值为氯离子渗透深度。当某测点数据无法测量时，可以不用测量，只需保证每个试样不少于 5 个测点。

5）混凝土试样的氯离子迁移系数按照式（5-5）计算：

$$D_{RCM} = \frac{0.0239 \times (273+T)L}{(U-2)t}\left(X_d - 0.0238\sqrt{\frac{(273+T)LX_d}{U-2}}\right) \quad (5\text{-}5)$$

式中：D_{RCM} 为混凝土的非稳态氯离子迁移系数，计算结果应精确至 $0.1 \times 10^{-12}\,\text{m}^2/\text{s}$；$U$ 为试验所用电压的绝对值，V；T 为阳极溶液的初始温度和结束温度的平均值，℃；L 为试样厚度，mm，精确到 0.1mm；X_d 为氯离子渗透深度的平均值，mm，精确到 0.1mm；t 为试验持续时间，h。

氯离子迁移系数的确定应符合下列规则：每组应以三个试样的氯离子迁移系数的算术平均值作为该组试件的氯离子迁移系数测定值；当最大值或最小值与中间值之差超过中间值的 15% 时，应剔除此值，再取其余两值的平均值作为测定值；当最大值和最小值均超过中间值的 15% 时，应取中间值作为测定值。

最后，整理试验结果数据，绘制氯离子迁移系数与氧化石墨烯添加量的关系曲线，总结变化规律，并进行成因分析。

5.1.3 结果分析

不同氧化石墨烯添加量下页岩陶粒高强轻质混凝土的氯离子迁移系数试验结果见表 5-1。添加了氧化石墨烯试件的氯离子迁移系数均低于没有添加氧化石墨烯试件的，这说明氧化石墨烯可以降低氯离子迁移系数，提高页岩陶粒高强轻质混凝土的抗氯离子渗透性能。当氧化石墨烯添加量为 0.05% 时，氯离子迁移系数达到最小值，减少了 43.1%。总的来说，氧化石墨烯使高强轻质混凝土的氯离子迁移系数降低了 20.8%~43.1%。

表 5-1 不同氧化石墨烯添加量下高强轻质混凝土的氯离子迁移系数试验结果

编号	氯离子迁移系数/（×10^{-12}m^2/s）	减少率/%
GO-0	7.2	0
GO-2	5.7	20.8
GO-4	4.4	38.9
GO-5	4.1	43.1
GO-6	4.3	40.3
GO-8	4.9	31.9

结合图 5-4 可知，随着氧化石墨烯添加量的增加，混凝土试件的氯离子迁移系数呈现出先减小后增大的趋势，其具有相关性较好的抛物线拟合关系。该试验中所有试验组的氯离子迁移系数范围为 $4.1\times10^{-12}\sim7.2\times10^{-12}\,m^2/s$。Luping 等人[106]研究发现，迁移系数大于 $18\times10^{-12}\,m^2/s$ 的混凝土对海洋环境的抵抗力较差，迁移系数小于 $8\times10^{-12}\,m^2/s$ 混凝土对自然环境的抵抗能力较好。因此，可以推断，研究中所有试件的迁移系数都在合理的区间范围内。

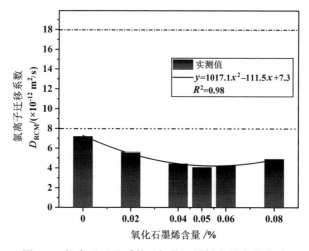

图 5-4　氯离子迁移系数随氧化石墨烯含量变化曲线

抗氯离子渗透性能的关键在于混凝土中氯离子的渗透和扩散速度，而这与混凝土的孔隙结构有着密切联系。Metha 等人[107]的研究表明，混凝土中存在的毛细孔隙（孔径为 $100\sim1000mm$）是氯离子进入混凝土内部的通道和路径，这些孔隙会降低混凝土的力学性能和抗氯离子渗透性能。另外，孔隙结构的复杂性和连通性决定了氯离子渗透的路径和速率。如果孔隙结构复杂且连通性高，氯离子就可以更容易地渗透到混凝土内部，增加混凝土受到氯离子侵蚀的风险。孔隙率对混凝土中氯离子的扩散过程也起着重要作用。较高的孔隙率意味着存在更多的孔隙和通道，使得氯离子能够更快地扩散到混凝土结构的内部，加速了氯离子的传输速度。

加入适量的氧化石墨烯可以有效地改善混凝土内部孔隙结构，主要表现在以下几个方面。

（1）填充作用：氧化石墨烯纳米颗粒具有极小的尺寸和高比表面积，可以填充混凝土中的微观孔隙。通过填充作用，氧化石墨烯可以减少混凝土的孔隙率，提高混凝土的密实性，从而降低氯离子渗透的可能性。

（2）降低毛细孔隙：混凝土中的毛细孔隙对氯离子的渗透起着重要作用。氧化石墨烯的添加可以减少毛细孔隙的数量和尺寸，限制毛细孔隙中水分的吸附和运移，从而降低氯离子的渗透速度。

（3）改善孔隙连通性：混凝土中的连通孔隙会加速氯离子的渗透和扩散。氧化石墨烯的添加可以填充孔隙，减少孔隙之间的连通性，从而阻碍氯离子的渗透路径，提高混凝土的抗氯离子渗透性能。

（4）抑制孔隙的形成：氧化石墨烯具有高度的表面能和吸附能力，可以抑制水泥颗粒的聚集和孔隙的形成。通过减少孔隙的形成，氧化石墨烯有助于提高混凝土的密实性和抗氯离子渗透性能。

然而，当氧化石墨烯含量过高时，过多添加氧化石墨烯可能导致团聚现象、阻碍水泥胶体形成、引发不利的化学反应以及降低混凝土的致密性，进而降低混凝土的抗氯离子渗透性能。

5.2 氧化石墨烯对高强轻质混凝土抗硫酸盐侵蚀性能的影响

5.2.1 基本理论

（1）硫酸盐侵蚀的作用机理。混凝土硫酸盐侵蚀过程主要表现为混凝土开始表面泛白，随后出现开裂、剥落损伤的破坏现象[108]。当外界环境中的硫酸根离子通过混凝土中的毛细孔和孔隙系统渗透到混凝土内部时，会与混凝土中的水化产物发生化学反应。这些化学反应可能会导致水化产物的溶解和新的沉淀物的形成。溶解的水化产物会导致混凝土的强度降低和表面粉化。而沉淀物的形成则会引起混凝土内部的体积膨胀和应力积累。而外界环境经历湿润和干燥的交替变换会导致反复的化学反应和体积变化，加速侵蚀的速度。长此以往，当膨胀所产生的内应力超过混凝土的抗拉强度时，就会导致混凝土的破坏。混凝土硫酸盐侵蚀实质上是由化学反应、结晶压力和体积膨胀、毛细孔侵蚀以及循环湿润和干燥等因素共同作用所致[109]。

根据侵蚀过程的结晶产物和破坏形式不同[110]，硫酸盐侵蚀分为以下几类。

1）碱金属硫酸盐结晶型。当混凝土孔隙中存在的 Na_2SO_4 浓度较高时，会有 Na_2SO_4 晶体析出，其反应方程式为

$$Na_2SO_4 + 10H_2O = Na_2SO_4 \cdot 10H_2O \tag{5-6}$$

在 Na_2SO_4 晶体析出的同时，会产生巨大的膨胀应力，造成混凝土的开裂和损伤。

2）石膏结晶型。当外界环境中硫酸根离子的浓度大于 1000mg/L 时，硫酸根离子与混凝土中毛细孔隙存在的饱和石灰溶液反应，会有结晶态的硫酸钙析出，其反应方程式为

$$Na_2SO_4 \cdot 10H_2O + Ca(OH)_2 = CaSO_4 \cdot 2H_2O + 2NaOH + 8H_2O \tag{5-7}$$

反应生成的 $CaSO_4 \cdot 2H_2O$ 结晶体会使体积膨胀接近 2 倍，而体积增大会导致混凝土因内应力过大而破坏。在外界坏境中，如果混凝土长期处于反复干燥和潮湿状态，即使硫酸根离子浓度较低，也会因为溶液中水被汽化从而形成硫酸钙晶体。

3）钙矾石（水化硫铭酸钙）结晶型。外界环境中的硫酸根离子通过毛细孔隙进入混凝土，会与氢氧化钙反应生成硫酸钙，硫酸钙又会与水化铝酸钙发生化学反应生成钙矾石，其反应方程式为

$$Na_2SO_4 \cdot 10H_2O + Ca(OH)_2 = CaSO_4 \cdot 2H_2O + 2NaOH + 8H_2O \tag{5-8}$$

$$3(CaSO_4 \cdot 2H_2O) + 4CaO \cdot Al_2O_3 \cdot 12H_2O + 14H_2O = 3CaO \cdot Al_2O_3 \cdot 3CaSO_4 \cdot 32H_2O + Ca(OH)_2 \tag{5-9}$$

钙矾石是一种溶解度极小的盐类矿物质，其内含许多结晶水分子，会使其固相体积膨胀约 2.5 倍，加之属于针状结晶，易造成吸水肿胀反应，会在混凝土内部引起较大的应力。

4）硫酸镁结晶型。硫酸镁侵蚀是对混凝土产生的侵蚀中腐蚀性最强的，这是因为镁离子和硫酸根离子都具备腐蚀性，其反应方程式为

$$MgSO_4 + 2H_2O + Ca(OH)_2 = CaSO_4 \cdot 2H_2O + Mg(OH)_2 \tag{5-10}$$

$$3MgSO_4 + 8H_2O + 3CaO \cdot 2SiO_2 \cdot 3H_2O = 3(CaSO_4 \cdot 2H_2O) + 3Mg(OH)_2 + 2SiO_2 \cdot H_2O \tag{5-11}$$

反应生成的硫酸钙晶体及钙矾石晶体都会导致混凝土体积发生膨胀。另外，反应将氢氧化钙转化为氢氧化镁，减少了混凝土内部的盐基度，打破了 C-S-H 内部的平衡，导致其部分分解，造成了混凝土的结合能力和强度下降。

除了上述理论外，关于混凝土受硫酸盐侵蚀的机理仍在不断探索中，许多学者通过试验和实践得到了一些值得借鉴的成果。Gonzalez 等人[111]对普通混凝土进行了试验时间为 2 年的硫酸盐侵蚀试验，通过观察侵蚀过程中对混凝土的损害特征和生成的侵蚀产物，认为钙矾石产物对混凝土的损伤最为显著。Bucea 等人[112]的研究成果表明，混凝土的侵蚀破坏是由于混凝土本身所含有的物质与硫酸盐发生化学反应形成的结晶所致，在干湿循环条件下，晶体不断沉淀和积累，因膨胀应力过大而破坏。Bellmann 等人[113]讨论了不同环境下混凝土抗侵蚀的能力，重点研究了侵蚀产物与硫酸盐浓度的相互关系，试验结果表明：在低浓度的自然环境下，混凝土内部产生的晶体比在试验室环境中产生的小。

综上所述，外界环境中的硫酸根离子通过渗透、扩散作用沿着混凝土孔隙进入混凝土内部与水化产物发生化学反应生成膨胀性的结晶产物，经过累积，这些膨胀产物会使混凝土发生开裂甚至剥落等损伤，最终导致混凝土因侵蚀而过早失去承载力。

（2）抗硫酸盐侵蚀性能影响因素。混凝土的硫酸盐侵蚀过程是一个复杂且缓慢的物理、化学变化过程，且受到多种内、外因素的影响。因此，通过优化这些因素，可以提高混凝土的抗硫酸盐侵蚀能力，延长混凝土结构的使用寿命。

1）混凝土配合比。混凝土中的材料组成和配合比对其抗硫酸盐侵蚀性能有重要影响，使用高强度水泥、优质骨料和适当的掺合料可以提高混凝土的耐久性。

2）混凝土孔隙结构。混凝土的孔隙结构对其抗硫酸盐侵蚀性能至关重要，过大的孔隙会导致硫酸盐侵入混凝土内部，造成侵蚀破坏。因此，减少混凝土中的孔隙率和孔径分布是提高其抗硫酸盐侵蚀性能的关键。

3）混凝土的致密性。混凝土的致密性与孔隙结构密切相关。通过采用合适的浇筑和养护方法，可以提高混凝土的致密性，减少孔隙的形成，从而增强其抗硫酸盐侵蚀性能。

4）混凝土的养护。混凝土的硬化时间也会对其抗硫酸盐侵蚀性能产生影响，在混凝土充分硬化之前，硫酸盐容易渗透并引发侵蚀。因此，可以通过适当延长混凝土的养护时间，确保其充分硬化，有助于提高其抗硫酸盐侵蚀性能。

5）混凝土的使用环境。混凝土所处的环境条件也会对其抗硫酸盐侵蚀性能产生影响。例如，温度、湿度、硫酸盐浓度等环境因素都可能影响混凝土的性能。在设计和使用混凝土结构时，需要考虑环境条件对混凝土的影响，并采取相应的防护措施。

5.2.2　试验方法

本书采用《普通混凝土长期性能和耐久性能试验方法标准》（GB/T 50082—2009）中规定的抗硫酸盐侵蚀试验方法，使用北京某公司生产的 NELD-VS830 型混凝土硫酸盐干湿循环试验机进行试验，具体试验操作分为前期准备、正式试验和后期处理三个阶段。

（1）前期准备阶段。

1）试样准备。采用 100mm×100mm×100mm 的立方体试模制作不同氧化石墨烯添加量的高强轻质混凝土，每组试件数量不少于 3 个。

2）试样养护和烘干。试件拆模后放置于标准养护室中进行养护。在养护至 28d 龄期的前 2d，将进行干湿循环的试件从标准养护室中取出。擦干试件表面水分，放入温度为（80±5）℃的烘箱烘 48h。烘干后将试件放置于干燥环境中冷却至室温。

3）试样摆放。将进行干湿循环的试件放入硫酸盐干湿循环试验机的试件架上并摆放整齐，相邻试件之间应保持 20mm 间距，试件与试验机侧壁之间的距离不小于 20mm。

4）配制 5%Na_2SO_4 溶液 20L，保证放入试件盒的 Na_2SO_4 溶液应至少超过最上层试件表面 20mm。

（2）正式试验阶段。通过设置参数，NELD-VS830 型混凝土硫酸盐干湿循环试验机（图 5-5）可以完成整个干湿循环操作，具体的步骤如下。

1）注入溶液。将配制的 Na_2SO_4 溶液注入试件盒，开始浸泡试件。浸泡龄期为 15h，从放入溶液开始计时。

2）排出溶液。浸泡结束后，应立即将试件盒内溶液排出。经测定，仪器设定排出溶液时间为 15min。

3）风干。溶液排空后将试件风干 30min，从溶液开始排出到风干结束的时间应不超出 1h。

4）烘干。风干结束后，试件盒内温度自动升至（80±5）℃，进行烘干操作，时间设置为 6h。

5）冷却。烘干结束后，试件盒内温度降低，从开始冷却到试件表面的温度冷却到 25~30℃的时间设置为 2h。

6）循环次数设置。步骤 1）~5）为一次干湿循环过程，每次循环时间应为（24±2）h。每 30 个循环进行抗压强度测试，整个试验总共进行 150 次循环。

7）试验结束。当达到试验循环次数 150 次或者抗压强度耐蚀系数达到 75%时，停止试验。

图 5-5 NELD-VS830 型混凝土硫酸盐干湿循环试验机

（3）后期处理阶段。对达到干湿循环次数的混凝土试件进行抗压强度测试的同时，对标准养护下同龄期的对比试件进行抗压强度测试，按照式（5-12）计算抗压强度耐蚀系数：

$$K = \frac{f_{cN}}{f_{c0}} \times 100 \qquad (5\text{-}12)$$

式中：K 为抗压强度耐蚀系数，%；f_{cN} 为 N 次干湿循环后受硫酸盐侵蚀的一组混凝土试件的抗压强度测定值，MPa，精确至 0.1MPa；f_{c0} 为与受硫酸盐侵蚀试件同龄期的标准养护的一组对比混凝土试件的抗压强度测定值，MPa，精确至 0.1MPa。

抗压强度耐蚀系数的确定应符合下列规则：f_{cn} 和 f_{c0} 均以三个试件抗压强度试验结果的算术平均值作为测定值；当最大值或最小值，与中间值之差超过中间值的 15%时，应剔除此值，并应取其余两值的算术平均值作为测定值；当最大值和最小值，均超过中间值的 15%时，应取中间值作为测定值。

最后，整理试验结果数据，绘制抗压强度耐蚀系数与干湿循环次数的关系曲线，总结变化规律，并进行成因分析。

5.2.3 结果分析

经过 150 次干湿循环后，不同含量的氧化石墨烯试件的外观如图 5-6 所示。从外观上看，所有试验组的形状和尺寸完好，质量几乎不变，外观整体性能良好，未出现严重的剥落或开裂，只是在表面局部位置出现了少许空洞。氧化石墨烯含量为 0.04%～0.06%，试件的外观几乎无变化。随着干湿循环次数的增加，其余试件的表面空洞数量略有增加且变大。

图 5-6（一）　150 次干湿循环后不同含量氧化石墨烯试件外观

图 5-6（二）   150 次干湿循环后不同含量氧化石墨烯试件外观

不同氧化石墨烯添加量下高强轻质混凝土的抗压强度耐蚀系数试验结果见表 5-2，变化曲线如图 5-7 所示。随着干湿循环次数的增加，所有试验组都呈现出一致的规律，抗压强度耐蚀系数 K 总体呈现先增大后下降的趋势。

表 5-2   不同氧化石墨烯添加量下高强轻质混凝土的抗压强度耐蚀系数 K 试验结果 单位：%

编号	干湿循环次数					
	0	30	60	90	120	150
GO-0	100	101.62	102.72	97.46	92.63	86.34
GO-2	100	101.71	103.77	104.30	96.30	89.30
GO-4	100	102.92	105.74	107.82	101.44	93.70
GO-5	100	104.26	107.49	110.10	104.56	97.34
GO-6	100	103.24	106.44	108.79	102.39	94.60
GO-8	100	102.65	104.94	105.78	98.60	91.33

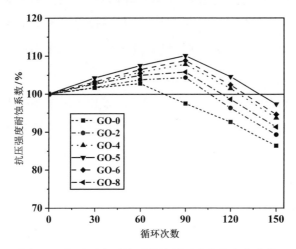

图 5-7　抗压强度耐蚀系数随循环次数的变化曲线

相比基准混凝土试验组（GO-0），添加了氧化石墨烯的试验组的抗压强度耐蚀系数增长得较快，衰减得较慢。在前 60 次干湿循环中，所有试验组的 K 值均在增长，且大于 100%。之后，基准混凝土试验组的 K 值出现了衰减，干湿循环 90 次后 K 值降至 97.46%。而添加了氧化石墨烯的所有试验组的 K 值仍在增长。在随后的干湿循环试验中（120～150 次），所有试验组的 K 值均在衰减。另外，随着氧化石墨烯添加量的增加，K 值均呈现先增大后减小的趋势。当干湿循环达到 150 次时，试验组 GO-5 的 K 值为 97.34%，相比试验组 GO-0 增长了 12.74%。上述试验结果表明，氧化石墨烯可以削弱受硫酸盐侵蚀的时间和效果影响，增强高强轻质混凝土的抗硫酸盐侵蚀性能。随着氧化石墨烯含量的增加，这种性能与力学性能类似，呈现先增强后减弱的规律。

产生上述试验结果的原因主要有以下两个方面。

（1）抗压强度耐蚀系数总体呈现先增大后下降的趋势，这是因为：在干湿循环试验的前期，硫酸根离子通过混凝土中的毛细孔和孔隙系统渗透到混凝土内，通过化学反应产生了 $Na_2SO_4 \cdot 10H_2O$ 和 $CaSO_4 \cdot 2H_2O$ 等晶体。这些晶体在一定程度上填充了混凝土内部的孔隙，提高了混凝土的密实度，从而增强了混凝土的抗压强度。但是随着干湿循环次数的增加，这些晶体不断增加和累积，从而导致体积的扩大和膨胀，膨胀应力随之增大。当膨胀应力超过混凝土承受的极限应力时，混凝土内部就会产生微裂缝并逐步扩展，最终导致混凝土抗压强度降低。

（2）随着氧化石墨烯添加量的增加，高强轻质混凝土的抗硫酸盐侵蚀性能呈现先增强后减弱的趋势，这主要是因为以下三点。

1）分散效果的影响：适量的氧化石墨烯的添加可以在混凝土中实现较好的分散效果，填充孔隙并增加界面面积，从而提高混凝土的抗硫酸盐侵蚀性能。当氧化石墨烯添加量超过一定阈值时，可能会出现氧化石墨烯的聚集现象，导致分散效果减弱，这将减弱氧化石墨烯填充孔隙和增加界面面积的能力，从而减弱混凝土的抗硫酸盐侵蚀性能。

2）凝胶体力学性能的影响：适量的氧化石墨烯的添加可以增强混凝土的抗压强度，这可以提高混凝土的整体耐久性和抗硫酸盐侵蚀性能。而过量的氧化石墨烯的添加可能导致混凝土的力学性能下降，这可能和氧化石墨烯聚集、孔隙增加以及与混凝土基质的结合效果减弱有关。力学性能的下降可能会导致混凝土的整体耐久性和抗硫酸盐侵蚀性能减弱。

3）致密性的影响：适量的氧化石墨烯的添加可以填充混凝土中的孔隙，减少孔隙率，提高混凝土的致密性，这可以减少硫酸盐侵蚀溶液渗透的机会，从而增强混凝土的抗硫酸盐侵蚀性能。而过量的氧化石墨烯的添加可能导致混凝土中的孔隙增加，特别是在混凝土中形成氧化石墨烯团簇的情况下，这将导致孔隙率的增加和混凝土的致密性降低，从而减弱抗硫酸盐侵蚀性能。

5.3 氧化石墨烯对高强轻质混凝土抗冻性能的影响

5.3.1 基本理论

（1）冻融循环破坏的作用机理。混凝土的抗冻性能是指在水饱和状态下经过冻融循环后保持原有外形和强度的能力，冻融破坏是指混凝土在冻结和解冻循环中引起体积和应力变化，从而对混凝土结构产生的破坏。这种破坏是一个单纯的物理变化过程，主要是由于水的冻胀现象导致内部压力超过混凝土的强度而引起的，通常表现为开裂、剥落或破碎。在我国，处于高饱水度的寒冷区域的混凝土时常会发生因冻融破坏而造成性能的提前退化。

抗冻性能是评价混凝土耐久性的重要指标之一，早在 20 世纪 30 年代，就有学者开始对此展开理论和试验研究。近年来，许多关于冻融损伤机理的理论层出不穷，但是仍没有统一的观点，主要理论有以下几种。

1）静水压理论[114]。混凝土被认为是具有多孔体系的结构，其内部包含的孔隙有凝胶孔（<10nm）、过渡孔（10～100nm）、毛细孔（100～1000nm）和大孔（>1000nm）。毛细孔之间具有一定的连通性，使得水分能够在混凝土内部通过毛细现象进行传输和分布。毛细孔是造成混凝土冻融破坏的最主要孔隙。处于水环境中的混凝土，对于孔径较小的孔隙，由于毛孔作用极易吸水饱和，反之，孔径越大，越不容易吸水饱和。不同孔径内的水其饱和蒸气压和冰点各不相同。孔径越大，其孔内水的饱和蒸气压越大，冰点越高，其冻融损害越严重。

随着温度的降低，混凝土孔隙中冰的体积会进一步扩大，孔隙中的压力也随之变大，迫使未结冰的孔溶液再次由内向外挤出，因而处于未冻结的水分就会对混凝土产生静压力，当毛细孔的静水压力增大到超过极限压应力时，毛细孔将会开裂，致使混凝土内部产生大量微裂缝，从而导致混凝土发生破坏。静水压力与孔隙水流长度有关。一般而言，孔隙水流长度越长，则静水压力越大。

2）渗透压理论[115]。静水压理论主要解释了水由液态到固态变化造成的体积膨胀会使混凝土内部应力增加，从而引起冻胀破坏。但是，在混凝土冻融过程中，对于一些不冻胀的有机液体（苯、三氯甲）引起的破坏不能作出合理的解释。渗透压理论则从另外一个视角解释了渗透现象和盐冻效应对混凝土结构的影响，特别是在存在含盐水的情况下。

混凝土孔隙中的溶液含有大量的 K^+、Na^+ 和 Ca^+ 等盐类物质，当混凝土所处环境温度降至 0℃ 以下时，较大孔隙中的部分溶液凝结成冰后，未冻溶液中盐的浓度上升，与周围较小孔隙中的溶液形成了一定的浓度差。浓度差会使低浓度溶液向高浓度溶液方向移动，从而形成了渗透压。渗透压会持续导致高浓度结冰区域的体积不断增大，这也会逐渐增大渗透压力。当渗透压力超过极限值时，混凝土会形成微裂缝。即使是浓度为零的孔溶液，由于冰的饱和蒸气压低于同温下水的饱和蒸气压，小孔隙中的溶液也会向已部分冻结的大孔溶液迁移。

3）膨胀压理论[116]。当周围环境温度较低时，饱和的混凝土会逐渐冻结，其内部的毛细孔水由液态转变为固态，体积将比原始状态增加 9%，但由于存在毛细孔壁的约束，孔隙的边缘产生了膨胀压力，从而在孔周围的混凝土微观结构中产生拉应力，即冻胀应力。在冻融循环中就会存在反复的冻胀应力从而导致冻融破坏。

4）离析成层理论[117]。该理论认为在冻融破坏过程中混凝土内部会产生冷冻切片式薄层。当混凝土内温度低于 0℃时，混凝土内部的孔隙和微裂缝就会分层结冰，冰晶连结累积形成冰片。这种累积式的冰层越来越多，将导致混凝土内部裂纹的发展和破坏。离析成层理论主要用于解释高寒地区的冻土破坏现象。

5）温度应力理论[118]。该理论认为混凝土中的粗集料、细集料和胶凝材料之间的热膨胀系数差值较大，在冻融循环过程中集料与胶凝材料之间会因此产生较大的温度应力，由于集料与胶凝材料热膨胀系数不同，二者之间产生压力或拉力，从而导致混凝土内部出现疏松，产生冻融破坏。

除了以上理论外，还有液态迁移理论、热弹性理论等。其中，Powers 提出的静水压理论和渗透压理论较为准确地解释了冻融损伤机理，被认为是混凝土冻融破坏机制的基础理论，对水分在混凝土中的行为和效应进行了系统的描述和解释，为混凝土冻融破坏的原因和过程提供了重要的视角和理论框架。以上两个理论最大的区别就是混凝土内部孔隙中水分迁移的方向不同，在冻融循环过程中，静水压力理论和渗透压理论并非相互独立的物理过程，而是一个相互耦合作用的过程。一般认为[119]：对于水灰比大、强度低、龄期短和水化程度较小的混凝土，静水压力是导致混凝土冻融破坏的主要原因；而对于水灰比较小、强度高及含盐量大的环境下的混凝土，渗透压力对混凝土的冻融破坏起到主导作用。

（2）冻融循环破坏的影响因素。混凝土的冻融循环破坏过程是一个复杂且缓慢的物理变化过程，受到多种内、外因素的影响，如水灰比、孔隙结构、抗压强度、外加剂和使用环境。

1）水灰比。水灰比直接影响着混凝土的孔隙结构和可冻含水量。大量研究成果表明[120]，较高的水灰比会导致混凝土中的孔隙结构较大，可冻孔多，存在的可冻含水量高，水分渗透性较高，从而增加冻融循环破坏的可能性。因此，国内相关规范对抗冻性能要求较高的混凝土结构的最大水灰比作出了明确规定。《混凝土结构设计规范》（GB 50010—2010）和《水运工程混凝土施工规范》（JTS 202—2011）规定的限值分别为 0.5～0.6 和 0.45～0.55。

2）混凝土孔隙结构。混凝土的孔隙结构对冻融破坏的敏感性起着重要作用。较大的孔隙结构使得水分更容易进入混凝土内部并形成冰晶，增加了冻融破坏的风险。

3）混凝土抗压强度。混凝土的抗压强度对冻融破坏的影响也很大。较低的抗压强度意味着混凝土的抵抗冻融引起的应力的能力较弱，容易发生破坏。同等条件下，强度高的混凝土抗冻性能高于低强度的混凝土。

4）掺合料和添加剂。合理选择和使用掺合料和添加剂可以改善混凝土的抗冻性能。例如，使用空心微珠、粉煤灰等掺合料可以减少混凝土内部的孔隙数量和大小，提高抗冻性能。

5）混凝土的使用环境。使用环境对抗冻性能的影响主要表现为温度、湿度、盐类等环境因素的综合作用。在冷地或寒冷季节，低温会引起混凝土的冻结，造成冰晶体积膨胀，从而导致混凝土的破坏。而在解冻过程中，冰晶收缩会产生应力，进一步加剧混凝土的破坏。当混凝土处于湿润状态时，水分会渗透进混凝土内部，在冻结时形成冰晶，引起体积膨胀和收缩，增加混凝土的破坏风险。存在于外界环境中的盐类和化学物质也会对混凝土的冻融破坏产生影响。特别是氯盐的存在会引起混凝土内部的离子渗透和腐蚀，加速冻融破坏的发生。

5.3.2　试验方法

在混凝土冻融循环试验中，常用的冻融方法包括慢冻法和快冻法。慢冻法主要被东欧一些国家使用，适用于测定在气冻水融的条件下的抗冻性能。它模拟了混凝土在自然环境下的冻融过程，能够更好地反映混凝土在实际使用中的性能表现。慢冻法的冻结速度相对较慢，使得混凝土内部温度分布相对均匀，可以更好地评估混凝土的整体性能。但是，慢冻法因试验周期长、工作量大和结果误差大等缺点限制了其应用。而快冻法适用于测定混凝土试件在水冻水融的条件下的抗冻性能，它主要用于快速评估混凝土的抗冻性能和对冻融循环的快速响应，因具有试验周期短、易操作的特点被广泛应用。

本书采用《普通混凝土长期性能和耐久性能试验方法标准》（GB/T 50082—2009）中规定的快冻法进行试验。使用北京某公司制造的 CD-40S 低温-高温浸水循环试验箱（图 5-8）进行冻融循环试验。具体试验操作分为前期准备、正式试验和后期处理三个阶段。

（1）前期准备阶段。

1）试件准备。采用 100mm×100mm×400mm 的棱柱体试模制作不同氧化石墨烯添加量的高强轻质混凝土，每组试件数量不少于 3 个。

2）试件养护和浸泡。试件拆模后放置于标准养护室中养护至 24d 龄期。将进行冻融循环的试件从标准养护室取出，放入温度为（20±2）℃的水中浸泡 4d。试件应在 28d 龄期时进行冻融试验。

3）试件初始值测定。达到养护龄期后，将试件从水中取出，用湿布擦除表面水分，检查试件外观质量和测量试件尺寸，确保满足规范要求。称取每个试件的初始质量 W_0，测定每个混凝土试件的横向基频初始值 f_0。

4）试件的安放。将试件放入试件盒内，试件应放置在试件盒中心，将试件盒放入冻融试验箱的架子上，然后向盒内注入清水。在整个试验过程中，盒内水位高度应始终保持至少高出试件顶面 5mm。

（2）正式试验阶段。通过对 CD-40S 低温-高温浸水循环试验箱进行参数设置，可完成整个冻融循环操作，具体的步骤如下。

1）参数设置。单次冻融循环时间为 2～4h，融化时间应大于整个冻融时间的 1/4。该试验中融化时间设置为 110min，冻结最低温度设置为-18℃，融化最高温度设置为 6℃。融化和冷冻过程之间的操作时间应低于 10min。

2）循环次数设置和采样间隔。每经历 50 次冻融循环后，从冻融试验箱取出试件，擦去试件表面的浮渣和水分，测试试件的质量和横向基频。整个试验总共进行 250 次循环。

3）试验结束。当试件的质量损失率达 5%或者相对动弹性模量下降到 60%时，可停止试验。

图 5-8　CD-40S 低温-高温浸水循环试验箱

混凝土动弹性模量测试采用共振法，使用的设备为北京某公司生产的 NELD-DTV 型动弹性模量测定仪，如图 5-9 所示。该设备输出频率可调节范围为 100～20000Hz，输出功率应能使试件产生受迫振动。

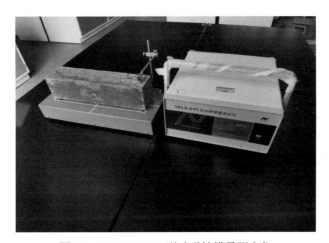

图 5-9　NELD-DTV 型动弹性模量测定仪

混凝土动弹性模量测试的主要步骤如下。

1）试件测量。测定试件的质量和尺寸。试件质量的测量应精确至 0.01kg，尺寸的测量应精确至 1mm。

2）试件安装。测定完试件的质量和尺寸后，首先将两块硅胶垫分别放在离支撑体两端 1/4 处，再将试件轻放在两块硅胶垫上，侧面应向上，并将侧杆前端的激振换能器轻轻地搭在试件长边顶面一侧离边缘 1cm 处。在测杆接触试件前，宜在测杆与试件接触面涂一薄层黄油或凡士林作为耦合介质。

3）振动频率测试。放置好测杆后，应先调整设备的激振频率和接收增益旋钮至适当位置，然后变换激振频率，当试件达到共振状态时，此时显示的共振频率为试件的基频振动频率。每一测量应重复测读两次以上，当两次连续测值之差不超过两个测值的算术平均值的 0.5%时，应取这两个测值的算术平均值作为该试件的基频振动频率。

4）试验结束。全部试件测试完毕后，关闭电源，清理仪器。

（3）后期处理阶段。试验结束。当试件的质量损失率达 5%或者相对动弹性模量下降到 60%时，可停止试验。基于不同氧化石墨烯添加量的高强轻质混凝土冻融循环试验数据，以每经历 50 次循环后的质量损失率和相对动弹性模量两个抗冻性能指标来表征冻融循环的损伤程度和劣化规律。

1）混凝土试件的质量损失率按照式（5-13）计算：

$$\Delta W_{ni} = \frac{W_{0i} - W_{ni}}{W_{0i}} \times 100 \tag{5-13}$$

式中：ΔW_{ni} 为 n 次冻融循环后第 i 个混凝土试件的质量损失率，%；W_{0i} 为冻融循环试验前第 i 个混凝土试件的质量，g；W_{ni} 为 n 次冻融循环后第 i 个混凝土试件的质量，g。

质量损失率的确定应符合下列规则：以三个试件的质量损失率试验结果的算术平均值作为测定值；当某个试验结果出现负值时，应取 0，再取三个试件的平均值；当三个值中的最大值或最小值与中间值之差超过中间值的 1%时，应剔除此值，并应取其余两值的算术平均值作为测定值；当最大值和最小值与中间值之差均超过中间值的 1%时，应取中间值作为测定值。

2）混凝土试件的相对动弹性模量按照式（5-14）计算：

$$P_i = \frac{f_{ni}^2}{f_{0i}^2} \times 100 \tag{5-14}$$

式中：P_i 为 n 次冻融循环后第 i 个混凝土试件的相对动弹性模量，%；f_{0i} 为冻融循环试验前第 i 个混凝土试件的横向基频初始值，Hz；f_{ni} 为 n 次冻融循环后第 i 个混凝土试件的横向基频，Hz。

相对动弹性模量的确定应符合下列规则：以三个试件的相对动弹性模量试验结果的算术平均值作为测定值；当三个值中的最大值或最小值与中间值之差超过中间值的 15%时，应剔除此值，并应取其余两值的算术平均值作为测定值；当最大值和最小值与中间值之差均超过中间值的 15%时，应取中间值作为测定值。

最后，整理试验结果数据，分别绘制质量损失率和相对动弹性模量与冻融循环次数的关系曲线，总结变化规律，并进行成因分析。

5.3.3 结果分析

经过 250 次冻融循环后，不同含量的氧化石墨烯试件的外观如图 5-10 所示。从外观上看，基准混凝土试验组 GO-0 的蜂窝麻面现象最为严重，表面孔隙较多，角部出现了明显的砂浆剥落，轻微碰触表面，发现略有松散，呈现粗糙状态。添加氧化石墨烯后，试件的完好程度和孔隙率得到了改善，但试验组 GO-2 角部仍有砂浆剥落。当氧化石墨烯添加量为 0.08%时，试件的外观质量得到进一步提高，孔隙率仍较大。当氧化石墨烯添加量为 0.04%～0.06%时，试件无明显的砂浆剥落，外观尺寸完好，孔隙率和孔径进一步得到了改善，抗冻性能最优。

图 5-10（一） 250 次冻融循环后不同含量氧化石墨烯试件外观

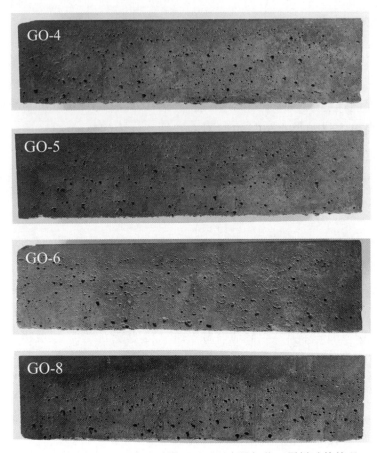

图 5-10（二） 250 次冻融循环后不同含量氧化石墨烯试件外观

不同氧化石墨烯添加量下高强轻质混凝土的冻融循环试验结果见表 5-3。对于基准混凝土试验组（GO-0），经历 250 次循环以后，质量损失率和相对动弹性模量分别为 2.93% 和 95.4%。而添加了氧化石墨烯后，高强轻质混凝土的质量损失率降低至 1.13%～2.24%，相对动弹性模量增长至 96.2%～98.4%，这说明了加入氧化石墨烯有利于提高高强轻质混凝土的抗冻性能。

表 5-3　不同氧化石墨烯添加量下高强轻质混凝土的冻融循环试验结果

编号	抗冻性能指标	冻融循环次数					
		0	50	100	150	200	250
GO-0	质量损失率/%	0	0.31	0.72	1.21	1.92	2.93
	相对动弹性模量/%	100	99.4	98.8	97.9	96.7	95.4

续表

编号	抗冻性能指标	冻融循环次数					
		0	50	100	150	200	250
GO-2	质量损失率/%	0	0.22	0.47	0.75	1.33	2.24
	相对动弹性模量/%	100	99.66	99.25	98.61	97.64	96.2
GO-4	质量损失率/%	0	0.16	0.38	0.55	1.03	1.65
	相对动弹性模量/%	100	99.83	99.58	99.12	98.41	97.3
GO-5	质量损失率/%	0	0.12	0.23	0.35	0.65	1.13
	相对动弹性模量/%	100	99.91	99.78	99.54	99.13	98.4
GO-6	质量损失率/%	0	0.13	0.31	0.45	0.8	1.35
	相对动弹性模量/%	100	99.87	99.7	99.36	98.78	97.9
GO-8	质量损失率/%	0	0.18	0.43	0.65	1.13	1.92
	相对动弹性模量/%	100	99.75	99.43	98.89	97.99	96.7

为了更好地分析不同氧化石墨烯混凝土试件的劣化规律，基于冻融试验结果数据，分别绘制了不同氧化石墨烯混凝土试件的质量损失率和相对动弹性模量随冻融循环次数变化曲线，如图 5-11 和图 5-12 所示。

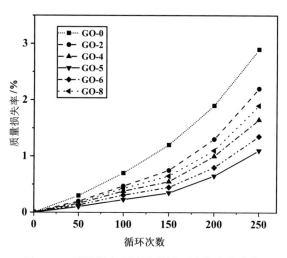

图 5-11　质量损失率随冻融循环次数变化曲线

（1）质量损失率的劣化规律。由图 5-11 可以看出，所有试验组都呈现出一致的规律，随着冻融循环次数的增加，质量损失率逐渐增加，增长速率也在增大。

基准混凝土试验组（GO-0）的质量损失率增长速度最快，而氧化石墨烯混凝土试验组的质量损失率在前 150 次冻融循环中增长速率较为缓慢，质量损失率均未超出 1%。基准混凝土试验组（GO-0）的质量损失率曲线被包含于氧化石墨烯混凝土试验组内，这说明了高强轻质混凝土中加入氧化石墨烯降低了冻融循环过程中的质量损失率。在同等循环次数下，随着氧化石墨烯添加量的不断增加，质量损失率呈现先减小后增大的趋势。当氧化石墨烯添加量为 0.05%时，质量损失率最小。

（2）相对动弹性模量的劣化规律。相对动弹性模量反映了混凝土在受力时的抵抗程度和弹性恢复能力，主要用于评估混凝土的刚度和变形特性。较大的相对动弹性模量表示混凝土对剪切应力的抵抗能力较强。混凝土相对动弹性模量与其内部组成和结构有着密切关联，通常混凝土越密实，相对动弹性模量越大[121]。

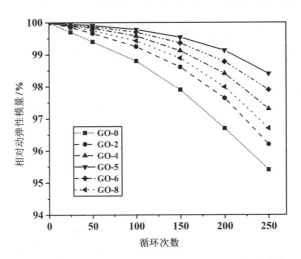

图 5-12　相对动弹性模量随冻融循环次数的变化曲线

由图 5-12 可以看出，所有试验组都呈现出一致的规律，随着冻融循环次数的增加，相对动弹性模量逐渐减小，且衰减速率在不断增大。基准混凝土试验组（GO-0）的相对动弹性模量减小速度最快，而氧化石墨烯混凝土试验组的相对动弹性模量在前 150 次冻融循环中衰减较为缓慢，相对动弹性模量减少未超出 2%。基准混凝土试验组（GO-0）的相对动弹性模量曲线被包含于氧化石墨烯混凝土试验组内，这说明了高强轻质混凝土中加入氧化石墨烯提升了冻融循环过程中的相对动弹性模量。在同等循环次数下，随着氧化石墨烯添加量的不断增加，相对动弹性模量呈现先增大后减小的趋势。当氧化石墨烯添加量为 0.05%时，相对动弹性模量最大。

产生上述试验结果的原因主要有以下两个方面。

（1）随着冻融循环次数的增加，混凝土试件的质量和动弹性模量呈现减小的规律，这是因为：一方面，当混凝土试件中的水在冻结时转化为冰，体积会膨胀，这会导致混凝土内部产生应力，引起微观裂缝的形成和扩展。随着冻融循环次数的增加，这些微观裂缝逐渐扩展，导致混凝土试件的质量和动弹性模量减小。另一方面，冻融循环中的应力集中和裂缝扩展会导致混凝土试件内部微观结构的破坏，包括孔隙扩大、骨料与基质的分离等，这些破坏也会导致试件的质量和动弹性模量减小。如果混凝土试件中含有盐类（如氯盐等），在冻融循环中，盐类溶解和重新结晶会导致试件内部的颗粒分离和物质的迁移，这会引起试件的体积膨胀、颗粒剥落和质量减小。

（2）随着氧化石墨烯添加量的增加，高强轻质混凝土的抗冻融能力的变化规律与抗硫酸盐侵蚀能力一致，都是由氧化石墨烯的分散效果、混凝土的致密性和力学性能以及界面效应等因素的综合影响所致。

5.4 氧化石墨烯对高强轻质混凝土抗碳化性能的影响

5.4.1 基本理论

（1）碳化的作用机理。钢筋锈蚀是混凝土碳化最为显著的破坏形式，严重制约着混凝土结构的使用寿命。碳化是指大气环境中的二氧化碳通过混凝土的孔隙通道进入其内部，与水泥石中的水化产物反应生成碳酸盐等化学物质的现象。碳化会使混凝土内部组成以及化学物质发生变化，最终导致混凝土的碱性降低。碳化是混凝土结构长期存在于自然环境中无法避免的物理化学过程。当碳化达到一定程度时，钢筋表面的碱性钝化膜就会失效，钢筋会产生锈蚀膨胀，保护层逐渐剥落，结构承载力降低。

　　混凝土原本呈碱性，普通硅酸盐水泥水化反应生成的水化产物主要有氢氧化钙（约占25%）、水化硅酸钙（占60%以上）、水化铝酸钙以及水化硫铝酸钙等。相关文献表明[122]，这些水化产物都有稳定的pH值，见表5-4。

表5-4 　混凝土中各水化产物的pH值

成分	pH 值	成分	pH 值
氢氧化钙	12.23	水化硅酸钙	10.4
水化铝酸钙	11.43	水化硫铝酸钙	10.17

　　混凝土若长期暴露在自然环境中，水泥石中的水化产物与二氧化碳作用，导致碱性减弱，pH值会降低至8.5左右。研究表明[123]，混凝土内部钢筋表层的钝化膜状态可以通过pH值进行判定：当pH<9.88时，钢筋表层无法形成钝化膜；当9.88<pH<11.5时，钢筋表层形成的钝化膜不稳定；当pH>11.5时，钢筋表层形成一层稳定的钝化膜。所以，当混凝土内部pH值小于11.5时，混凝土中的钢筋将会锈蚀[124]。在有水的条件下，二氧化碳进入混凝土内部首先生成碳酸，再与各类水泥水化产物发生化学反应生成碳酸钙，化学反应方程式为

$$CO_2+H_2O = H_2CO_3 \qquad (5-15)$$

$$Ca(OH)_2+H_2CO_3 = CaCO_3+2H_2O \qquad (5-16)$$

$$3CaO \cdot 2SiO_2 \cdot 3H_2O+3H_2CO_3 = 3CaCO_3+2SiO_2+6H_2O \qquad (5-17)$$

$$2CaO \cdot SiO_2 \cdot 4H_2O+2H_2CO_3 = 2CaCO_3+SiO_2+6H_2O \qquad (5-18)$$

　　总的来说，碳化是一个缓慢且复杂的物理化学过程。对于密实且均匀的混凝土，若保护层厚度为2cm，则需要数十年甚至上百年才能被完全碳化；而对于密实性较差的混凝土，则可能只需要1～2年时间[125]。

　　国内外学者对混凝土碳化的机理及预防进行了大量广泛的研究，并得到了一些值得借鉴的成果。基于菲克第一扩散定律的混凝土碳化深度预测模型是关于混凝土龄期的平方根的经验公式，该模型为后续研究混凝土深度预测奠定了坚实的基础，计算公式为

$$X_c = k\sqrt{t} \qquad (5-19)$$

式中：X_c 为混凝土碳化深度，mm；k 为混凝土碳化深度系数，Hz；t 为混凝土碳化时间，年。

1983 年，学者阿列克谢耶夫[126]基于混凝土的碳化反应过程，根据二氧化碳在混凝土中的扩散特点，假设二氧化碳在混凝土的扩散为稳态扩散，忽略了混凝土碳化区，提出了基于气体扩散理论的碳化深度预测模型，计算公式为

$$X_c = k\sqrt{t} = \sqrt{\frac{2D_{CO_2}C_{CO_2}}{M_{CO_2}}}\sqrt{t} \qquad （5\text{-}20）$$

式中：D_{CO_2} 为 CO_2 有效扩散系数，m^2/s；C_{CO_2} 为混凝土表面 CO_2 浓度，mol/m^3，其值等于混凝土所处环境中的 CO_2 浓度；M_{CO_2} 为单位体积混凝土的 CO_2 吸收量，mol/mm^3。

1992 年，朱安民[127]基于室内外不同水灰比混凝土的碳化试验数据，提出了考虑水泥品种、粉煤灰掺合料和环境气象条件影响的碳化深度预测模型，计算公式为

$$X_c = \gamma_1\gamma_2\gamma_3\left(12.1\frac{W}{C} - 3.2\right)\sqrt{t} \qquad （5\text{-}21）$$

式中：γ_1 为水泥品种影响系数；γ_2 为粉煤灰影响系数；γ_3 为环境气象条件影响系数；$\frac{W}{C}$ 为混凝土水灰比。

1996 年，邸小坛等[128]认为混凝土抗压强度能综合反映水灰比、施工质量及养护条件对混凝土成型质量的影响。基于对大量的试验数据进行统计分析，将抗压强度代替式（5-21）中的水灰比，提出了基于混凝土抗压强度的碳化深度预测模型，其计算公式为

$$X_c = \gamma_1\gamma_2\gamma_3\left(\frac{60}{f_{cu,k}} - 1.0\right)\sqrt{t} \qquad （5\text{-}22）$$

式中：$f_{cu,k}$ 为混凝土抗压强度标准值。

张等[129]分析了不同水灰比的高强页岩陶粒轻质混凝土的碳化能力，并与普通混凝土进行了对比。研究表明，轻集料混凝土在试验初期的碳化明显，碳化时间达到 14d 时，碳化深度接近整个试验期的 70% 左右。随着水灰比的增大，轻集料混凝土的碳化深度逐渐增加，碳化能力逐渐减弱。当水灰比大于 0.38 时，轻集料混凝土的抗碳化性能弱于普通混凝土。

Lo 等人[130]对比了建筑中常用的内外漆用于增强混凝土建筑结构的抗碳化效

果。试验结果表明，外漆的混凝土比内漆的混凝土有效堵塞时间更长，且在有效堵塞时间后，涂层和混凝土基材一起工作，防止碳渗。外漆的抗碳化性能优于内漆。油漆涂层混凝土的碳化深度与试验龄期的平方根成线性关系。

Medina 等人[131]在天然火山灰水泥混凝土中添加少量的聚丙烯纤维，不仅可以有效地防止因干燥收缩引起的开裂，还可以降低二氧化碳在混凝土中的扩散速度。

苗航[132]利用再生骨料配制了 C40 的混凝土，并研究了氧化石墨烯对其氯离子和碳化性能的影响。试验结果表明，当氧化石墨烯添加量为 0.06%时，再生混凝土的碳化速率和平均碳化深度均达到最小；当添加量为 0.09%时，抗碳化性能的提升效果不显著。

（2）抗碳化性能影响因素。基于混凝土碳化反应方程，影响混凝土碳化的关键要素为二氧化碳浓度、碱性水化产物含量以及反应速率，其抗碳化性能强弱取决于混凝土内部的密实性和碱性储备[133]。在查阅了相关资料的基础上，总结了影响混凝土抗碳化性能的主要因素，分别如下。

1）水泥类型和用量。研究表明，硅酸盐水泥比普通硅酸盐水泥具有更好的抗碳化性能。在同一配合比下，水泥的等级越高，抗碳化性能越好；早强型水泥的抗碳化性能比普通水泥好[134]。而水泥用量主要影响混凝土的碳化速度。在一定范围内，增加水泥用量，不仅可以增强混凝土的密实性，还可以生成更多的碱性水化产物，从而增强其抗碳化性能。

2）水灰比。一般情况下，水泥用量恒定时，水灰比越大，产生的混凝土孔隙也就越多，二氧化碳在混凝土内部的扩散速度也就越快。混凝土的抗碳化性能不仅与水泥水化产物的量有关，还取决于二氧化碳在混凝土内部的扩散能力。另外，较大的水灰比会增加混凝土内部孔隙中的游离水，进一步加快碳化速度。研究表明，混凝土的碳化深度与水灰比呈现近似指数函数关系的增长规律[135]。

3）混凝土的孔隙结构。较大的孔隙会增加混凝土的渗透性，使二氧化碳更容易进入混凝土内部，加速碳化的过程。较大的孔隙可以提供更多的通气路径，使得二氧化碳更容易通过混凝土扩散，促进碳化的发生。连通的孔隙会形成网络，使得二氧化碳能够更快地在混凝土内部传输和扩散，加快碳化的速度。反之，若孔隙均匀分布，且孔隙较小，则二氧化碳的扩散路径更长，碳化速度较慢。

4）掺合料和添加剂。添加适量的矿物掺合料（如粉煤灰、矿渣粉等）也可以提高混凝土的抗碳化性能。另外，在一些特殊的酸性环境，混凝土中添加一些特殊的抗碳化添加剂，如碳酸盐稳定剂、钝化剂等，可以减缓混凝土的碳化速度，提高抗碳化性能。

5）混凝土养护。合理的混凝土养护措施可以促进混凝土的水化程度和早期强度形成，避免微裂缝的产生，从而提高混凝土的抗碳化性能。

6）环境条件。环境中的二氧化碳浓度、相对湿度和温度会影响混凝土的碳化速度。环境中的二氧化碳浓度越高，混凝土碳化的速度就越快。例如，在工业区、交通拥堵的城市环境以及密闭环境中，二氧化碳的浓度通常较高，加速了混凝土碳化的进程。较高的相对湿度会促使混凝土中的水分饱和，并提供碳酸盐反应所需的水溶液，从而加速碳化的发生。因此，高湿度环境会导致混凝土碳化的速度增加。温度对混凝土碳化的影响较为复杂。一般情况下，较高的温度可以加速化学反应速率，包括混凝土的碳化过程。然而，过高的温度可能导致混凝土内部水分蒸发过快，减少水泥石中碳酸盐反应所需的水分，从而减缓碳化的速度。

5.4.2　试验方法

本书采用《普通混凝土长期性能和耐久性能试验方法标准》（GB/T 50082—2009）中规定的碳化试验方法，使用北京某公司制造的 CCB-70 系列碳化试验箱进行试验，如图 5-13 所示。具体试验操作分为前期准备、正式试验和后期处理三个阶段。

（1）前期准备阶段。

1）试件准备。采用 100mm×100mm×100mm 的立方体试模制作不同氧化石墨烯添加量的高强轻质混凝土，每组试件数量不少于 3 个。

2）试件养护和烘干。试件拆模后放置于标准养护室中养护至 26d 龄期。将进行碳化试验的试件从标准养护室中取出，放入温度调节为 60℃的烘箱中 2d。试件应在 28d 龄期时进行碳化试验。

3）试件密封。取出烘干的试件，保留两个对侧面作为碳化深度测试面，其余的表面采用加热的石蜡进行密封。密封处理后，在碳化深度测试面上用铅笔画出

10mm 间距的平行线，作为碳化后切割面的碳化深度测试点。

4）试件的安放。试件经处理以后，整齐摆放在碳化试验箱的铁架上，试件之间的间距不小于 50mm。

图 5-13　CCB-70 系列碳化试验箱

（2）正式试验阶段。通过对 CCB-70 系列碳化试验箱的参数设置，可完成整个碳化试验操作，具体的步骤如下。

1）参数设置。关闭试验箱，开机后，调节设备参数，使其满足试验要求。温度：（20±2）℃；湿度：70%±5%；CO_2 浓度：20%±3%。

2）采样间隔。试验开始后，应间隔一定时期对试验箱内的温度、湿度和二氧化碳浓度进行测定。如若二氧化碳浓度不够或者钢瓶内气压过低、温度偏差过大以及水分过低，应及时调整或者补充，确保试验能够准确、正常运行。当碳化试件到达龄期为 3d、7d、14d、28d、42d 和 56d 时，分别取出试件，采用干切法从中间位置切割成型。每个立方体试件只作一次检测即可作废。

3）碳化深度测定。将切割得到的试件用毛刷刷去切割面上残余粉末，喷上浓度为 1%的酚酞酒精溶液，30s 后观察颜色变换。依据原先设置的每 10mm 一个的待测点量出其碳化深度，精确至 1mm。

4）试验结束。全部试件测试完毕后，清理并关闭碳化试验箱，关闭电源。

（3）后期处理阶段。混凝土的抗碳化性能主要以试件的平均碳化深度作为评价指标，平均碳化深度按照式（5-23）计算：

$$\overline{d_t} = \frac{1}{n} \times \sum_{i=1}^{n} d_i \qquad (5\text{-}23)$$

式中：$\overline{d_t}$ 为试件碳化 t(d)后的平均碳化深度，mm；d_i 为试件各测点的碳化深度，mm；n 为测点点数。

碳化深度的确定应符合下列规则：以三个试件的碳化深度测试结果的算术平均值作为测定值。

最后，整理试验结果数据，绘制碳化深度与试验时间的关系曲线，总结变化规律，并进行成因分析。

5.4.3　结果分析

龄期 56d 时不同氧化石墨烯添加量下高强轻质混凝土试件的典型切割面喷洒酒精酚酞溶液的碳化结果如图 5-14 所示。由此可知，各个试验组的试件切割面由于发生了不同程度的碳化反应，致使颜色变化不同。变色区域均为未发生碳化的水泥石部分，未变色区域（不包含粗骨料颗粒）为发生碳化的水泥石部分。不难看出，基准混凝土试验组（GO-0）碳化最为严重，其他的添加了氧化石墨烯的混凝土试验组碳化现象较轻。

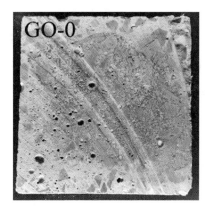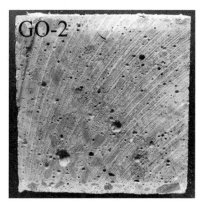

图 5-14（一）　龄期 56d 时不同含量氧化石墨烯试件碳化结果

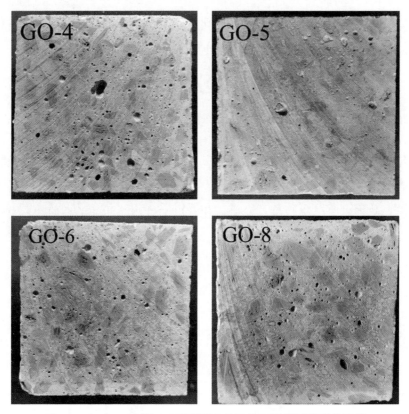

图 5-14（二）　龄期 56d 时不同含量氧化石墨烯试件碳化结果

不同氧化石墨烯添加量下高强轻质混凝土的碳化深度试验结果见表 5-5。由此可知，在同一碳化龄期，基准混凝土试验组（GO-0）碳化深度均大于添加了氧化石墨烯的试验组，添加了氧化石墨烯试验组的碳化深度为 6.4～7.7mm。GO-5碳化深度最小，说明 GO-5 的抗碳化性能最优。当龄期为 56d 时，GO-5 的碳化深度相比 GO-0 减小了约 21%。

表 5-5　不同氧化石墨烯添加量下高强轻质混凝土的碳化深度试验结果

编号	碳化深度/mm					
	3d	7d	14d	28d	42d	56d
GO-0	1.7	2.6	3.9	6.0	7.2	8.1
GO-2	1.6	2.4	3.6	5.7	6.9	7.7
GO-4	1.3	2.0	3.1	5.2	6.3	7.0
GO-5	0.9	1.5	2.3	4.5	5.7	6.4

续表

编号	碳化深度/mm					
	3d	7d	14d	28d	42d	56d
GO-6	1.1	1.7	2.6	4.8	6.1	6.8
GO-8	1.4	2.1	3.3	5.4	6.6	7.3

为了更好地分析不同氧化石墨烯混凝土试件的碳化规律，基于碳化测试结果数据，绘制了不同氧化石墨烯混凝土试件的碳化深度随龄期变化曲线，如图 5-15 所示。可以看出，随着龄期的增长，各组试件的碳化深度均在增加。各组试件的碳化深度曲线呈现出一致的规律，前期（1~28d）增长速率较快，后期（28~56d）增长速率较慢。所有试验组在龄期 56d 的碳化深度相比 28d 增长了 35%~42%。这说明试件表层的碳化较快，但随着深度的增加，碳化速率有所减缓。另外，基准混凝土试验组（GO-0）的碳化深度曲线位于所有曲线的最外侧，这说明了高强轻质混凝土中加入氧化石墨烯提高了高强轻质混凝土的抗碳化性能。在同一龄期，随着氧化石墨烯添加量的不断增加，碳化深度呈现先减小后增大的趋势。

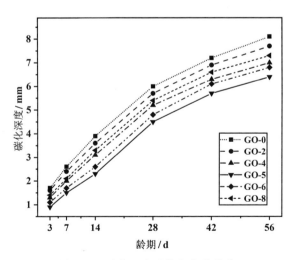

图 5-15　碳化深度随龄期变化曲线

产生上述试验结果的原因主要有以下两个方面。

（1）随着龄期的增加，混凝土试件的碳化深度呈现增加的规律，这是因为：二氧化碳会通过混凝土中的开放孔隙和渗透路径逐渐渗透到混凝土内部。随着时间的推移，二氧化碳在混凝土中逐渐扩散，使得碳化深度逐渐增加。而碳化深度的增加速率逐渐变慢，可以归因于以下几个因素。

1）表面碳化层形成：最初阶段，混凝土试件暴露在含有二氧化碳的环境中，会形成一层较薄的碳化层。这层碳化层可以作为保护层，阻止更多的二氧化碳进一步渗透到混凝土内部。因此，初始阶段的碳化速率较快，直到表面碳化层形成后，碳化速率会逐渐减慢。

2）混凝土内部二氧化碳渗透：初始阶段，二氧化碳很容易通过混凝土的开放孔隙和渗透路径进入混凝土内部。这导致了较快的碳化速率。随着时间的推移，混凝土内部的开放孔隙被填充或减少，二氧化碳的渗透变得更加困难，从而导致碳化速率减慢。

3）反应物逐渐减少：初始阶段，混凝土中的可碳化成分较多，如氢氧化钙。这些可碳化成分是二氧化碳的反应物，促使碳化反应进行。然而，随着反应的进行，这些可碳化成分会逐渐减少，导致碳化反应的反应物逐渐减少，碳化速率也相应减慢。

综上所述，初始阶段混凝土碳化速率快、后期逐渐变慢的原因是表面碳化层形成、混凝土内部二氧化碳渗透减少以及反应物逐渐减少等因素的综合作用。

（2）随着氧化石墨烯添加量的增加，高强轻质混凝土的抗碳化性能呈现先增强后减弱的趋势，这主要是因为以下三点。

1）氧化石墨烯的阻隔作用：氧化石墨烯具有高度的二维结构和层间空隙，可以在混凝土内部形成连续的阻隔层，减缓二氧化碳的渗透和扩散。因此，添加适量的氧化石墨烯时，其阻隔作用可以有效地减少二氧化碳进入混凝土内部的速率，从而降低碳化深度。

2）表面化学反应：氧化石墨烯的表面具有丰富的官能团，可以与钙离子和水化产物发生化学反应，形成钙化合物，例如石墨烯氧化物和钙石墨烯化合物。这些化合物在混凝土表面形成保护层，阻止二氧化碳的进一步渗透和深入碳化。因此，在添加适量氧化石墨烯时，这些表面化学反应可以降低碳化深度。

3）氧化石墨烯团聚现象：当添加量过高时，氧化石墨烯可能会因为无法完全溶解而发生团聚现象，导致氧化石墨烯无法均匀分散在混凝土中。这会减弱氧化石墨烯的阻隔作用和表面化学反应效应，从而降低混凝土的抗碳化性能。

5.5 本 章 小 结

本章在页岩陶粒高强轻质混凝土中掺入不同含量的氧化石墨烯，采用国家标准中规定的试验方法开展了抗氯离子渗透、抗硫酸盐侵蚀、抗冻和抗碳化试验。试验结果表明，氧化石墨烯可以提升高强轻质混凝土的抗氯离子渗透性能、抗硫酸盐侵蚀性能、抗冻性能和抗碳化性能。但随着氧化石墨烯含量的增加，提升效果呈现先增强后减弱的规律。氧化石墨烯添加量为 0.05%时，各项性能达到最优。

（1）通过抗氯离子渗透试验结果得知，所有试验组的氯离子迁移系数范围为 $4.1 \times 10^{-12} \sim 7.2 \times 10^{-12} m^2/s$。添加低剂量的氧化石墨烯能使氯离子迁移系数减少 20.8%～43.1%。随着氧化石墨烯添加量的增加，混凝土试件的氯离子迁移系数呈现出先减小后增大的趋势，二者具有相关性较好的抛物线拟合关系。

（2）通过抗硫酸盐侵蚀试验结果得知，在 150 次干湿循环后所有试验组的形状和尺寸完好，外观整体性能良好。所有试验组的抗压强度耐蚀系数范围为 86.34%～97.34%。添加低剂量的氧化石墨烯能使抗压强度耐蚀系数增加 3.4%～12.7%。

（3）通过抗冻试验结果得知，在 250 次冻融循环后各个试验组出现了不同程度的剥落和蜂窝麻面现象。GO-0 试验组的质量损失率和相对动弹性模量分别为 2.93%和 95.4%。而添加了氧化石墨烯使高强轻质混凝土的质量损失率降低至 1.13%～2.24%，相对动弹性模量增长至 96.2%～98.4%。

（4）通过碳化试验结果得知，当碳化龄期为 56d 时，所有试验组的碳化深度为 6.4～8.1mm。添加低剂量的氧化石墨烯能使碳化深度减少了 4.9%～21.0%。

第6章 氧化石墨烯对高强轻质混凝土
干燥收缩性能的影响研究

6.1 氧化石墨烯对高强轻质混凝土干燥收缩性能的影响

  混凝土收缩是指混凝土在硬化和长期使用过程中由于水化反应、湿度和温度等因素造成体积缩小的现象,是反映混凝土长期使用过程中体积稳定性的重要指标。收缩是混凝土在使用过程中不可避免的现象,直接影响着混凝土结构的安全使用寿命。收缩过大会导致混凝土结构的性能劣化。比如,收缩引起的内部应力会导致混凝土结构中出现裂缝,这些裂缝可能会降低结构的强度和稳定性。长期的收缩可能会引起混凝土结构的整体变形和位移,从而导致结构的不平整、变形和失稳,影响结构的正常使用和功能。混凝土收缩会造成结构中的接缝间隙扩大,从而减弱荷载的传递能力,导致结构的承载能力下降,甚至引发结构的失效。收缩可能导致混凝土中的微观孔隙和裂缝扩大,进而增加结构对水分和有害物质的渗透敏感性,从而导致混凝土的耐久性下降。因此,有必要掌握混凝土的收缩发展规律,从混凝土原材料、配合比、养护和维护等方面采取合理措施减少裂缝的发生,从而优化结构设计,确保结构在使用寿命内满足性能要求。

  自20世纪初混凝土收缩这一概念被提出,便受到了广大学者的关注并开展了大量的研究。按照形成的原因和机制不同,混凝土收缩主要分为以下几类。

  (1)塑性收缩。在混凝土浇筑初期,混凝土硬化过程中会发生剧烈的水化反应,在生成水泥水化产物的同时,也会逐渐形成分子链。在此过程中伴随着水分蒸发和体积变小,这种失水收缩的现象称之为塑性收缩。塑性收缩的实质是由于混凝土中的水分流失和颗粒之间的相互吸引力引起的体积收缩现象。塑性收缩是混凝土在塑性状态下的一种固有性质,它主要发生在混凝土浇筑后3~12h,处于尚未完全凝固和干燥的阶段[136]。若早期养护不合理，塑性收缩可能导致混凝土表面产生龟裂现象。

（2）自收缩。自收缩主要是由于水化反应期间水化产物形成和凝胶收缩引起的体积收缩现象。水化产物具有一定的体积变化特性。C-S-H 凝胶在形成过程中会填充混凝土中的孔隙空间，导致混凝土的体积减小。此外，水化硬化钙矾石的形成也会引起混凝土的收缩。自收缩是混凝土本身发生体积收缩，是自身特性的表现，与干燥过程和外界环境条件无关。从宏观角度来讲，自收缩是混凝土处于恒温封闭状态，与外界无任何物质交换的情况下，因水化反应导致混凝土内部毛细孔孔隙中的水被消耗，导致毛细孔压升高造成的收缩。研究表明，低水胶比的高强高性能混凝土会产生较大的自收缩。但对于页岩陶粒轻集料混凝土，试验前通过对骨料进行预湿处理让孔隙中充满自由水，这能为后续的水化反应提供水分，从而达到控制自收缩的效果[137]。

（3）碳化收缩。二氧化碳进入混凝土内部发生碳化反应，除了会造成 pH 值降低，还会造成混凝土体积减小，这种收缩称之为碳化收缩。混凝土碳化收缩通常发生在混凝土表面附近的碳化区域。这种收缩过程是一个相对缓慢的过程，其速率取决于二氧化碳的渗透速度、水泥基质中的氢氧化钙含量以及环境温度等因素。一般而言，碳化收缩与碳化深度呈正相关关系。在轻质混凝土中用适量的粉煤灰替代水泥可以降低碳化深度的增长速率[138]。Persson[139]通过试验发现，水灰比小于 0.28 的高强混凝土在 4 年内几乎检测不到碳化收缩。

（4）干燥收缩。混凝土干燥收缩是指在混凝土硬化后，混凝土中的水分继续被逐渐蒸发和排出而引起的体积减小的现象。当混凝土处于干燥环境中时，表面的水分首先被蒸发，然后水泥石中的水分在较长时间内逐渐被蒸发。随着水分的流失，混凝土内部的孔隙空间逐渐减少，导致混凝土的体积减小，即发生干燥收缩。干燥收缩一般是从混凝土试件的表面逐步发展到内部，而自收缩是在混凝土内部均匀地形成[140]。

混凝土的整个生命周期都存在着收缩现象，不同类型的收缩在不同阶段展现出自身的特征属性。自收缩主要发生水化反应阶段，塑性收缩主要发生在新拌混凝土硬化阶段，干燥收缩存在于混凝土硬化后的使用阶段，而碳化收缩可视为干燥收缩的特例。其中，干燥收缩是混凝土各类收缩中所占比例最大、最为普遍的一种，也是导致混凝土在使用过程中开裂的重要因素[141]。

6.1.1 基本理论

（1）干燥收缩的作用机理。混凝土干燥收缩发展的主要机制是水化水泥浆体毛细孔中静压张力所持水分和 C-S-H 凝胶中物理吸附水分的损失。混凝土的孔隙结构直接影响着干燥收缩性能。研究表明，存在于孔径大于 100nm（或 50nm）孔隙中的自由水与水泥石无相互作用力，因而在蒸发时不会引起收缩。而小于 100nm（或 50nm）的孔隙对干燥收缩率有重要影响。这部分孔隙中的水分蒸发速率较快，水分迁移无法得到及时补充，会产生毛细管压力，从而造成水泥浆体收缩。因此，孔径细化是引起水泥干燥收缩的主要原因。毛细孔隙的减小引起毛细张力，从而产生干燥收缩。因此，毛细网络越细，毛细应力越大。由此形成的额外的 C-S-H 凝胶将通过填充水泥浆体中的微孔而起到细化孔隙的作用[142]。

经过多年的研究，关于混凝土干燥收缩机理的许多学说被提出，这些学说普遍认为是水分蒸发造成的干燥损失。

1）毛细管张力学说[143]。混凝土的干燥收缩主要是由毛细管水的弯液面造成的。当混凝土所处环境湿度降低时，内部的水分蒸发，弯液面曲率变大，导致毛细管形成负压从而在毛细管壁上形成压应力。由于水分的持续损失，混凝土处于不断增强的压缩状态中，这会造成混凝土的体积缩小。在这个过程中，混凝土毛细孔壁上产生毛细孔负压，毛细孔负压和孔隙相对湿度有关，关系式为

$$\Delta p = \frac{RT\rho \ln h \cos\theta}{M} \tag{6-1}$$

式中：Δp 为混凝土内部毛细孔负压；R 为气体常数；T 为温度；ρ 为水的密度；h 为空气内部相对湿度；θ 为毛细管和孔壁之间的夹角；M 为水的摩尔质量。

由上述公式可知，当孔隙内相对湿度降低时，毛细管负压增大，负压会使水泥石产生收缩。相对湿度在 45% 以上时，毛细管张力会起作用。当相对湿度较大时，毛细管的体积与面积之比较大，产生的压应力较小；当相对湿度较小时，毛细管可以产生很大的压应力，但当相对湿度小于 45% 时，毛细管中的弯液面消失

或不再稳定，就不存在毛细管应力。因此，该学说适用于相对湿度较高的环境。当相对湿度降低到 45%以下时，混凝土的干燥收缩无法用该学说进行解释。因为依据该学说混凝土应该产生膨胀现象，但实际上收缩却变得更大。

2）拆开压力学说[144]。该学说认为混凝土的干燥收缩主要是由结合水损失导致。在水泥水化的初期，部分水会以单独水分子的形式存在，一部分水会直接参与化学反应被消耗，还有一部分水会和凝胶及其他的一些化合物以结合水的形式存在。水泥石中的胶体在范德华力的作用下，吸引周围的凝胶颗粒和结合水，并使相邻胶体的表面接触更紧密。而当凝胶颗粒间隙小于单层吸附水膜厚度的 2 倍时，二者之间会产生拆开压力。拆开压力主要由三部分组成，如式（6-2）所示，即

$$P = \pi_1 + \pi_2 + \pi_3 \tag{6-2}$$

式中：P 为拆开压力；π_1 为界面间的范德华力；π_2 为双层离子交替产生的力；π_3 为吸附水层化学位置变化产生的力。

当湿度降低时，吸附水的水膜厚度减小，拆开压力减小，混凝土产生干燥收缩。反之，相对湿度增大，拆开压力大于范德华力时，胶体颗粒分开，引起混凝土膨胀。研究表明，相对湿度为 50%～80%时，拆开压力作用明显[145]。

3）表面自由能变化学说。表面自由能变化造成的收缩是指混凝土中凝胶颗粒随相对湿度的变化引起的收缩。当凝胶颗粒表面吸附一层水膜时，在水的表面张力作用下凝胶颗粒形成表面自由能从而受压力。当湿度降低时，凝胶颗粒表面的水分减少，表面自由能增大，压力随之增大，导致混凝土收缩。凝胶颗粒所受到的压力计算公式为

$$P_s = \frac{2\gamma_s S}{3} \tag{6-3}$$

式中：P_s 为凝胶颗粒表面所受到的压力；γ_s 为水的表面自由能；S 为固体比表面积。

当水泥胶凝分子比表面积较大的时候，表面自由能的变化会引起较大的张力变化，从而使水泥胶体体积发生变化。凝胶颗粒表面吸附水分子，表面自由能将发生变化，因此表面张力和相对湿度有关。当相对湿度增大时，凝胶颗粒表面吸附多层吸附水，表面自由能减弱，产生的压力极小，造成的收缩可以忽略。研究表明该学说适用于相对湿度低于 50%的环境条件[146]。

4）层间水迁移学说。相对湿度降低时，水化产物 C-S-H 凝胶内层区的层间水会由于形成较大的能量梯度向外迁移，从而造成混凝土收缩。研究表明，发生迁移的条件是低于一定的相对湿度的，此时层间水才会失去。说明只有在相对湿度很低的条件下，才会发生因层间水迁移引起的收缩。当水泥石内部的相对湿度大于50%时，层间水能稳定存在，不会发生迁移[147]。

（2）干燥收缩的影响因素。混凝土的干燥收缩过程是一个复杂且缓慢的不可逆过程，受到多种内、外因素的影响，如水灰比、水泥类型和含量、集料类型和含量、掺合料和添加剂及使用环境。

1）水灰比。水灰比越高，混凝土中的水分越多，干燥收缩也越大。因此，较低的水灰比可以降低干燥收缩的程度。一般而言，混凝土用水量每增加1%，干燥收缩率增加2%~3%。对于水灰比小于 0.4 的高性能混凝土，干燥收缩随着水灰比的增大而增大。不过，水灰比过小，可能导致较大的自收缩[148]。

2）水泥类型和含量。不同类型和含量的水泥对干燥收缩有不同程度的影响。普通硅酸盐水泥干燥收缩大于粉煤灰水泥；水泥的等级越高，所生产的混凝土干燥收缩就越大；水泥的细度越大，用水量越多，干燥收缩就越大；单位水泥用量越多，干燥收缩越大。

3）集料类型和含量。集料本身几乎不产生收缩变形，但骨料级配、粒径、弹性模量和表面结构对混凝土的干燥收缩有很大影响。比如，受骨料的性能和用量的影响，轻骨料混凝土的干燥收缩比普通混凝土大[149]。大量试验资料证实了再生骨料混凝土干燥收缩大于天然骨料混凝土[150]。混凝土中骨料的粒度分布对干燥收缩有着一定的影响。粒度较细的骨料具有较大的比表面积，可以吸附较多的水分，从而增加干燥收缩的程度。

4）掺合料和添加剂。合理选择和使用掺合料和添加剂可以有效地降低混凝土的干燥收缩。使用矿物掺合料（如粉煤灰、矿渣粉等）可以有效填充混凝土中的孔隙，改善孔隙结构，减少水分迁移，从而减小干燥收缩。使用减水剂可以改善混凝土的流动性和工作性能，减少水胶比，从而减少混凝土中的水分含量。通过减少水分含量，可以降低混凝土的干燥收缩。膨胀剂可以改变混凝土的内部应力分布，减缓干燥收缩引起的体积缩小。收缩补偿剂可以通过增加混凝土的自身收缩性能，来补偿干燥收缩引起的体积变化。

5）尺寸效应。混凝土构件的尺寸决定了温度和湿度影响其内部水分向外迁移的程度。一般而言，随着构件体表比的增大，混凝土的干燥收缩减小。但当混凝土内部湿度与外界环境达到平衡时，尺寸变化引起的干燥收缩很小。研究表明，当构件的体表比超过 0.9m 时，尺寸效应可以忽略不计。实际上，尺寸效应主要影响混凝土干燥收缩的发展速率。随着试验龄期的增长，构件体表比对干燥收缩的发展速率的影响减弱。在部分干燥收缩预测模型中，将体表比作为时间函数中的特征参数以体现其对干燥收缩发展的影响。

6）使用环境。环境温度、湿度和通风等外部条件对干燥收缩有影响。较高的温度和较低的湿度会加速混凝土中水分的蒸发，导致更大的干燥收缩。同时，通风条件也会影响水分的迁移速度和干燥收缩程度。

6.1.2　试验方法

本书采用《普通混凝土长期性能和耐久性能试验方法标准》（GB/T 50082—2009）中规定的接触法进行干燥收缩试验。该方法适用于测定在无约束状态和规定的温度条件下硬化混凝土试件的收缩变形性能。测试设备为北京某公司生产的 NELD-ES700 立式收缩变形测量装置，如图 6-1 所示。具体试验操作分为前期准备、正式试验和后期处理三个阶段。

（1）前期准备阶段。

1）试件准备。采用 100mm×100mm×515mm 的棱柱体试模制作不同氧化石墨烯添加量的高强轻质混凝土，每组试件数量不少于 3 个。装模时，试模两端应预埋干燥收缩试验中用于固定试件的螺栓和测头。

2）试件拆模和养护。试件成型时不得使用机油等憎水性脱模剂。试件成型后带模养护 1～2d，拆模后检查试件是否有损伤。拆模后放入温度为（20±2）℃、相对湿度为 95% 以上的标准养护室进行养护。

3）试件的安放。试件达到 3d 养护龄期时（从混凝土搅拌加水时计算），从标准养护室中取出，并立即放入恒温恒湿的试验室。将试件安装在干燥收缩装置上，试件的带螺栓一端对准底座，固定在支架上。使用水平仪或其他工具来确保试件的垂直性,确保试件直立并垂直于支架。试验过程中应确保整套测试设备没有受到外力或振动干扰,以免影响测试精度。

(2)正式试验阶段。

1)试件长度初始值测定。将试件放入试验室时,对试件表面进行擦拭,确保试件表面干净。测定每个待测试件的初始长度,并记录干湿状态。

2)定期测试。从移入试验室时开始计时,测定时间间隔为1d、3d、7d、14d、28d、45d、60d、90d、120d、150d、180d和360d的变形读数。

3)试验结束。取下预埋于试件中的螺栓和测头,整理设备,停止试验。

图6-1 NELD-ES700立式收缩变形测量装置

(3)后期处理阶段。混凝土的干燥收缩能力主要以干燥收缩率作为评价指标,干燥收缩率按照式(6-4)计算:

$$\varepsilon_{st} = \frac{L_0 - L_t}{L_b} \tag{6-4}$$

式中:ε_{st}为试验期为t(d)的混凝土收缩率,t从测定初始长度时算起;L_b为试件的测量标距,mm;L_0为试件长度的初始读数,mm;L_t为试件在试验期t(d)时测得的长度读数,mm。

干燥收缩率的确定应符合下列规则:以三个试件的干燥收缩率试验结果的算术平均值作为该组混凝土试件的干燥收缩率测定值,计算精确至1.0×10^{-6}。

最后，整理试验结果数据，绘制干燥收缩率与试验时间的关系曲线，总结变化规律，并进行成因分析。

6.1.3 结果分析

不同氧化石墨烯添加量下高强轻质混凝土的干燥收缩试验结果见表 6-1。在每个试验龄期，添加了氧化石墨烯试件的干燥收缩率均高于没有添加氧化石墨烯的试件（GO-0），这说明添加氧化石墨烯会导致高强轻质混凝土的干燥收缩率增大，降低了抗干燥收缩开裂的能力。随着氧化石墨烯添加量的增加，同一试验龄期下的混凝土试件的干燥收缩率均呈现出先增大后减小的趋势。当试验龄期为 180d 时，所有试验组的干燥收缩率为 $423×10^{-6}$～$469×10^{-6}$；当龄期为 360d 时，所有试验组的干燥收缩率为 $465×10^{-6}$～$505×10^{-6}$。有关资料显示，普通混凝土 180d 的干燥收缩率变化范围为 200～$800μm/m$[151]。Kayali 等人[152]以烧结粉煤灰作为骨料研制了抗压强度为 61～$67MPa$ 的高强轻质混凝土。研究表明，该混凝土 360d 的干燥收缩率可达到 1000μm/m，大约是同等级普通混凝土干燥收缩率的 2 倍。但是可以使用低体积含量的钢纤维抑制干燥收缩。

表 6-1 不同氧化石墨烯添加量下高强轻质混凝土的干燥收缩试验结果

编号	干燥收缩率/($×10^{-6}$)											
	1d	3d	7d	14d	28d	45d	60d	90d	120d	150d	180d	360d
GO-0	13	39	85	151	226	288	325	368	395	412	423	465
GO-2	15	40	88	154	244	299	336	381	406	425	443	481
GO-4	16	47	96	161	255	310	343	398	417	438	456	498
GO-5	17	48	100	163	261	312	351	401	423	449	469	505
GO-6	17	47	98	162	258	311	345	399	419	440	460	501
GO-8	16	43	92	159	251	304	339	390	411	430	450	489

另外，当氧化石墨烯含量为 0.05%时，干燥收缩率达到最大值。相比基准混凝土试验组（GO-0），其 1d、3d、7d、14d、28d、45d、60d、90d、120d、150d、180d 和 360d 的收缩率分别增长了 30.8%、23.1%、17.6%、7.9%、15.5%、8.3%、8.0%、9.0%、7.1%、9.0%、10.9%和 8.6%。而当试验龄期达到 360d 时，试验组

GO-2、GO-4、GO-5、GO-6 和 GO-8 的干燥收缩率相比基准混凝土试验组（GO-0）增长了 3.4%、7.1%、8.6%、7.7% 和 5.2%。而在高性能混凝土中掺入氧化石墨烯时，干燥收缩率增大了 1.33%～6.72%[62]。可以得出结论，即使氧化石墨烯的加入在一定程度上造成不利影响，但本研究中的高强轻质混凝土仍然具有可接受的干燥收缩率。

为了更好地分析不同含量氧化石墨烯混凝土试件的干燥收缩发展规律，基于干燥收缩试验结果数据，绘制了不同含量氧化石墨烯混凝土试件的干燥收缩率随试验龄期变化曲线，如图 6-2 所示。

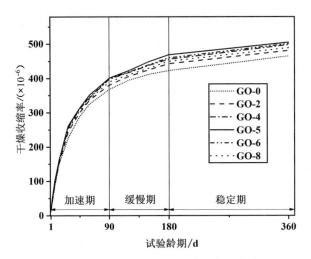

图 6-2　干燥收缩率随试验龄期变化曲线

试验组 GO-5 的干燥收缩率变化曲线下包了其他试验组的曲线，这也说明了该试验组在各个阶段的干燥收缩率均为最大值，抗干燥收缩能力最差。另外，随着试验龄期的增长，各个试验组的干燥收缩率随着试验龄期的增长呈现递增的趋势。所有试验组干燥收缩率变化曲线都呈现出一致的规律，刚开始曲线较为陡峭，慢慢放缓，最后趋于稳定。根据不同试验龄期的曲线发展规律，干燥收缩大致可分为三个阶段：加速发展阶段（1～90d）、缓慢发展阶段（90～180d）和稳定发展阶段（180～360d）。在加速发展阶段，初期混凝土孔隙中含有大量的水分，因水面蒸发和水化反应导致水分流失速度加快。氧化石墨烯具有一定的吸水性，添加氧化石墨烯加剧了水分的流失，进一步增加了干燥收缩。试验龄期为 90d 时的干燥收缩率占最终（360d）干燥收缩率的 79.1%～79.9%。在缓慢发展阶段，水泥逐渐水化，凝胶体逐渐形成，这会对混凝土的体积稳定性产生积极影响，从而减缓干燥收缩的速度。试验龄期为 180d 时的干燥收缩率占最终（360d）干燥收缩率的 91.0%～92.9%。在稳定发展阶段，大部分自由水分已经蒸发，孔隙结构相对稳定，干燥收缩速度减缓，使干燥收缩率变化曲线趋于平缓。

另外，从干燥收缩率变化曲线发展规律来看，氧化石墨烯对混凝土干燥收缩的影响主要集中在加速发展阶段，在后期的影响较小。研究表明，氧化石墨烯能加速水泥水化反应，水化反应过程中不仅要消耗水分，更重要的是能使混凝土内的凝胶孔显著增加[153]。混凝土的干燥收缩与凝胶孔数量有着关联，凝胶孔越多，干燥收缩越大。因此，在快速发展阶段，添加了氧化石墨的试件的干燥收缩率大于没有添加氧化石墨烯的试件。而随着水化反应的完成，氧化石墨烯对混凝土干燥收缩的影响逐渐变小。然而，当氧化石墨烯含量过高时，过多添加氧化石墨烯可能导致团聚现象、阻碍水泥胶体形成和引发不利的化学反应，反而减小了混凝土的干燥收缩率。

6.2 常见的干燥收缩预测模型对比分析

干燥收缩预测模型是基于混凝土干燥收缩的机理和发展规律建立的以时间为主要变量的数学函数，用于定量分析在相应环境下干燥收缩随时间的发展规律，为预防混凝土开裂提供理论依据，为材料设计和结构设计提供参考，以减少混凝土收缩可能带来的不利影响。建立合理且精度高的干燥收缩预测模型可以帮助优化施工计划、改善结构设计、提高质量控制，并实现资源和材料的节约，从而提高施工效率、降低成本，保证混凝土结构的质量和耐久性。

混凝土的干燥收缩机理十分复杂，且发展规律受多因素的影响。迄今为止，国内外学者针对干燥收缩进行了大量的试验和理论研究，并基于部分影响因素建立了预测模型[154]。这些模型中比较有代表性的是：欧洲混凝土协会——国际预应力协会（CEB-FIP）提出的 CEB-FIP 系列模型[155]、美国混凝土协会提出的 ACI 209 系列模型[156]、日本工程师协会推荐的 SAKATA 模型[157]、Gardner 等人创立的

GL2000 模型[158]、Bazant 等人[159]提出的 B3 模型和中国建筑科学研究院建立的适用于普通混凝土和轻骨料混凝土的干燥收缩模型[160]。但是这些模型大都是建立在以试验数据为基础的半经验公式上的，往往只能满足一些特定的环境或者适用于某些材料，有一定的局限性[161]。至今仍没有提出一个系统全面的干燥收缩预测模型。因此，在分析材料特性和影响因素的基础上，选择或建立合理且精度高的模型预测混凝土的干燥收缩对于材料推广和工程实践具有重要的价值。

本节首先对上述列举的六个干燥收缩模型进行详细的介绍，并分析各个模型的优缺点和适用范围。基于 6.1 节的高强轻质混凝土干燥收缩试验数据进行模拟预测，分析各个模型的预测精度。其次，由于氧化石墨烯对干燥收缩的劣化作用，尝试在对现有模型进行修正的基础之上，建立含有氧化石墨烯修正因子的预测模型，以提高此类混凝土干燥收缩的预测精度。

6.2.1 常见的干燥收缩预测模型

目前关于混凝土干燥收缩的预测模型较多，限于建立模型的条件不同，不同的干燥收缩试验数据表现出不同的预测精度。但是，这些模型表达式的框架基本是一致的，均是极限收缩值和收缩时变函数的乘积形式，表达式可以表述为

$$\varepsilon_{sh}(t) = \varepsilon_{shu}\beta_{sh}(t) \tag{6-5}$$

式中：$\varepsilon_{sh}(t)$ 为混凝土龄期为 t 时的收缩应变；ε_{shu} 为混凝土的极限收缩值；$\beta_{sh}(t)$ 为收缩时变函数。

（1）中国建筑科学研究院的干燥收缩估算公式（CABR 模型）。我国对混凝土的干燥收缩预测研究起步较晚。1982 年，中国建筑科学研究院混凝土研究所联合有关高等院校和科研单位，分别对 C30 普通混凝土和 LC30 轻集料混凝土的干燥收缩展开了试验研究。在历时四年完成 130 组试件的干燥收缩试验基础上，通过回归分析发现混凝土干燥收缩发展规律符合双曲-幂函数，最终得到了普通混凝土和轻集料混凝土干燥收缩的多系数表达式。限于试验条件，表达式中考虑了环境相对湿度、构件尺寸、养护方式、混凝土强度等级和粉煤灰添加量等因素对干燥收缩的影响。混凝土干燥收缩的计算表达式为

$$\varepsilon_{sh}(t) = \varepsilon(t)_0 \times \beta_1 \times \beta_2 \times \beta_3 \times \beta_5 \times \beta_6 \tag{6-6}$$

其中，对于轻集料混凝土的基本收缩方程 $\varepsilon(t)_0$ 按式（6-7）计算：

$$\varepsilon(t)_0 = \frac{t}{120.23 + 2.26t} \times 10^{-3} \qquad (6\text{-}7)$$

式中：β_1 为相对湿度影响系数，取决于环境的平均相对湿度 h；β_2 为截面尺寸影响系数，取决于构件体积与表面积之比；β_3 为养护方法影响系数，取决于混凝土的养护方式；β_5 为混凝土强度等级影响系数，取决于混凝土的类型和强度等级；β_6 为粉煤灰取代水泥量影响系数，取决于粉煤灰替换比例。

式（6-6）中的影响系数取值可参考表 6-2。

表 6-2 影响系数取值表

序号	影响系数	条件变化范围	取值
1	β_1	干燥（$h \leqslant 40\%$）	1.3
		正常（$h = 60\%$）	1
		潮湿（$h \geqslant 80\%$）	0.7
2	β_2	20.0	1.2
		25.0	1
		37.5	0.95
		50.0	0.9
		100.0	0.8
		150.0	0.65
		>250.0	0.4
3	β_3	标准养护	1
		蒸汽养护	0.8
4	β_5	C20	0.95
		C30	1
		C40	1.15
		LC20～LC30	1
5	β_6	0	1
		10%～20%	0.95

该模型是在标准试验条件下通过大量试验数据进行统计得到的多系数修正回归方程，概念清晰，计算简洁。限于当时的试验条件，模型的运用范围有一定的

局限性。该模型分别适用于水灰比为 0.44～0.75、砂率为 0.30～0.40 和水泥用量为 225～413kg/m³ 的普通混凝土和水灰比为 0.40～0.76、砂率为 0.40～0.55 和水泥用量为 225～450kg/m³ 的轻集料混凝土。另外，环境受限于特定条件（温度：20℃；相对湿度：40%～80%）。对于混凝土等级影响系数，值得商榷的是随着混凝土等级升高，干燥收缩变大。除此之外，高等级轻集料混凝土的强度等级影响系数修正并没有进行探讨和提出对应的修正方法。

（2）CEB-FIP（1990）模型。CEB-FIP 协会自 1970 年提出混凝土收缩徐变预测 CEB-FIP（1970）模型，后经过多年的实验和探索，进行了两次修正完善，得到了 CEB-FIP（1978）模型和 CEB-FIP（1990）模型。这两个模型得到了较为广泛的运用，分别被我国 85 版和 04 版的《公路钢筋混凝土及预应力混凝土桥涵设计规范》采用。CEB-FIP（1978）模型中只考虑了构件尺寸、湿度和温度等因素，干燥收缩发展采用的是双曲幂函数曲线。而 CEB-FIP（1990）模型在此基础上增加了水泥品种、养护龄期和混凝土抗压强度三个影响因素。除此之外，构件尺寸的影响则作为时间函数的变量被考虑，而时间函数采用更为复杂的双曲函数的二次方根形式，计算表达式为

$$\varepsilon_{cs}(t,t_s) = \varepsilon_{shu}\beta_s(t-t_s) \tag{6-8}$$

式中：ε_{shu} 为极限收缩应变，按照式（6-9）计算：

$$\varepsilon_{shu} = \beta_h[160 + \beta_{sc}(90 - f_{cy})] \times 10^{-6} \tag{6-9}$$

β_h 为环境湿度影响系数，取决于环境的平均相对湿度 h，按照式（6-10）计算：

$$\beta_h = \begin{cases} -1.55\left[1 - \left(\dfrac{h}{100}\right)^3\right], & 40\% < h \leqslant 99\% \\ 1.25, & h > 99\% \end{cases} \tag{6-10}$$

$\beta_s(t-t_s)$ 为收缩应变变化系数，按照式（6-11）计算：

$$\beta_s(t-t_s) = \sqrt{\dfrac{t-t_s}{0.035\left(\dfrac{2A_c}{u}\right)^2 + (t-t_s)}} \tag{6-11}$$

式中：t 为计算时刻混凝土的龄期，d；t_s 为混凝土开始收缩的龄期，d；β_{sc} 为水

泥影响系数，取决于水泥品种：快硬高强水泥取为 8，普通水泥和快硬水泥取 5，慢硬水泥取 4；f_{cy} 为混凝土圆柱体试件的抗压强度，MPa；A_c 为混凝土构件的横截面面积，mm^2；u 为混凝土试件与大气接触的周界截面长度，mm。

该模型适用于湿养护不超过 14d 的普通混凝土，环境条件为温度：5～30℃，相对湿度：40%～50%。该模型被建议用于抗压强度不超过 90MPa 的混凝土，而在预测抗压强度低于 60MPa 的混凝土时有较高的精度。韩伟威等人[162]对比分析了五种收缩模型用于 C50 混凝土柱构件中干燥收缩预测，发现 CEB-FIP（1990）模型的预测值与实测值吻合程度较高，整体预测效果较好。有关资料表明[163]，混凝土抗压强度影响其收缩变形的根源为抗压强度是水泥用量、水灰比、骨料等参数的综合体现，这些参数在不同程度上与抗压强度都有关系。

（3）ACI 209（1992）模型。美国混凝土协会于 1982 年提出了混凝土干燥收缩预测 ACI 209 模型，该模型采用多系数修正时间函数的表达式，公式清晰，便于计算。它主要考虑了环境相对湿度、混凝土构件尺寸、混凝土材料特性及含量、工作性能和养护条件等影响因素，时间函数采用了较为简单的双曲函数。为了提高模型的合理性和预测精度，美国混凝土协会于 1992 年对该模型进行了优化。一方面，不再考虑混凝土重度的影响；另一方面，在时间函数中，将计算龄期更换为混凝土试验龄期与干燥开始时龄期的差值。ACI 209（92）模型的相关计算表达式为

$$\varepsilon_{sh}(t) = \frac{t - t_0}{35 + (t - t_0)} \varepsilon_{shu} \qquad (6-12)$$

$$\varepsilon_{shu} = 780 \times \gamma_{cp} \times \gamma_a \times \gamma_c \times \gamma_{\varphi} \times \gamma_s \times \gamma_{\lambda} \times \gamma_h \times 10^{-6} \qquad (6-13)$$

式中：780×10^{-6} 为标准养护条件下混凝土试件的自由收缩应变；t 为养护以后开始干燥收缩试验的时间，d；t_0 为混凝土开始干燥收缩试验时的龄期，d；γ_{cp} 为初始养护条件影响系数，取决于潮湿养护天数；γ_a 为混凝土含气量影响系数，取决于混凝土的空气含量 a（%）；γ_c 为水泥含量影响系数，取决于混凝土的水泥含量 c（kg/m^3）；γ_{φ} 为细骨料含量影响系数，取决于混凝土的细骨料含量 φ（%）；γ_s 为混凝土坍落度影响系数，取决于混凝土的坍落度 s（mm）；γ_{λ} 为构件平均厚度影响系数，取决于构件体积与表面积之比；γ_h 为环境相对湿度修正系数，取决于环

境的平均相对湿度 h。

式（6-13）中的各个影响系数依据表 6-3 进行取值或计算。

表 6-3　影响系数取值或计算表

序号	影响系数	条件变化范围	取值或计算式
1	γ_{cp}	1	1.2
		3	1.1
		7	1.0
		14	0.93
		28	0.86
2	γ_a	a	$0.95 + 0.008a$
3	γ_c	c	$0.75 + 0.00061c$
4	γ_φ	$\varphi \leqslant 50\%$	$0.30 + 0.014\varphi$
		$\varphi > 50\%$	$0.90 + 0.0002\varphi$
5	γ_s	s	$0.89 + 0.00161s$
6	γ_λ	V/S	$1.2e^{-0.00472V/S}$
7	γ_h	$40\% < h \leqslant 80\%$	$1.40 - h$
		$80\% < h \leqslant 100\%$	$3.00 - 3h$
		$h < 40\%$	$\gamma_h > 1$

相比其他模型，ACI 209（1992）模型对修正系数的考虑更为全面，并且每个系数都有具体的量化或数学表达式。该模型中不再考虑混凝土抗压强度的影响，而是更多更细地考虑了混凝土配合比及工作性能的影响，使干燥收缩预测模型变得更加合理和准确。不仅如此，Sirtoli 等人[164]证实了 ACI 209（1992）模型用于硫铝酸钙水泥高性能混凝土的干燥收缩预测中相比其他模型有更好的预测精度。

（4）B3 模型。B3 模型是 B-P 系列模型（B-P 模型、BP2 模型和 B3 模型）经过不断发展和实践形成的最典型的模型。基于当时的干燥收缩预测模型存在预测精度不佳和影响因素考虑不周的问题，Bazant 和 Panula 利用计算机对世界各国的干燥收缩试验数据进行拟合分析，在 1979 年提出了 B-P 模型和 BP2 模型[165]。经过改良优化，1995 年又提出了具有更简洁算法、更符合工程实际的 B3 模型。B3 模型以湿度扩散理论为基础，重点考虑水分含量、水泥类型、抗压强度和弹性

模量等参数对模型的影响，通过实验数据拟合得到了双曲-幂函数模型。B3 模型
的相关计算表达式为

$$\varepsilon_{sh}(t) = -\varepsilon_{shu} k_h S(t) \tag{6-14}$$

$$\varepsilon_{shu} = \varepsilon_\infty \frac{E(600+7)}{E(t_0+\tau_{sh})} \tag{6-15}$$

$$\varepsilon_\infty = -\alpha_1 \alpha_2 (1.9 \times 10^{-2} w^{2.1} f_{cy}^{-0.28} + 270) \tag{6-16}$$

$$E(t) = E(28) \left(\frac{t}{4+0.85t} \right)^{1/2} \tag{6-17}$$

$$S(t) = \tanh \left(\frac{t-\tau}{\tau_{sh}} \right)^{1/2} \tag{6-18}$$

$$k_h = \begin{cases} 1-h^3, & h \leqslant 98\% \\ -0.2, & h = 100\% \\ \text{线性内插}, & 98\% \leqslant h \leqslant 100\% \end{cases} \tag{6-19}$$

$$\tau_{sh} = k_t (k_s D)^2 \tag{6-20}$$

$$k_t = 8.5 t_0^{-0.08} f_{cy}^{-0.25} \tag{6-21}$$

式中：D 为混凝土构件的理论厚度，$D = 2V/S$，mm；α_1 为水泥类型系数，Ⅰ 类
水泥取 1.0，Ⅱ 类水泥取 0.85，Ⅲ类水泥取 1.1；α_2 为养护方式影响系数，蒸汽养
护取 0.75，密封或自然养护取 1.2，相对湿度 100%养护取 1.0；k_s 为形状系数，取
值见表 6-4；$E(28)$为混凝土龄期为 28d 时的弹性模量；w 为含水量，kg/m^3；t_0 为
混凝土干燥龄期，d。

表 6-4 形状系数 k_s 取值

形状	立方体	球体	矩形柱	圆柱	板
k_s	1.55	1.30	1.25	1.15	1.00

B3 模型是理论最强的半经验半理论公式，概念明确，物理意义清晰。模型中
的材料参数都是通过大量的回归数据进行回归拟合确定。通过大量的数据检验，
B3 模型相比 CEB-FIP（1990）模型具有更高的预测精度[166]。同样，潘钻峰等人[167]
对苏通大桥连续刚构部分使用的 C60 高强混凝土开展干燥收缩徐变试验，并探讨

了目前常用的干燥收缩模型的预测精度。研究表明，该桥所使用的 CEB-FIP（1990）模型存在低估干燥收缩发展的风险，而 B3 模型表现出更高的预测精度。

（5）GL2000 模型。美国混凝土协会的 Gardner 和 Zhao 认为很多干燥收缩试验数据呈现的规律并非像 ACI 209（1982）模型和 CEB-FIP（1990）模型那样。基于此点，两人在总结了大量长期干燥收缩徐变数据的规律后，于 1993 年提出了G-Z 模型[168]。而后，为了满足混凝土干燥收缩徐变预测模型建立准则的要求，2000年 Gardner 等人进一步对模型进行优化，提出了 GL2000 模型。该模型相比其他模型计算参数减少，且引入了龄期 28d 的抗压强度作为参数。GL2000 模型的相关计算表达式为

$$\varepsilon_{\text{sh}}(t) = \varepsilon_{\text{shu}}\beta(h)\beta(t) \tag{6-22}$$

$$\varepsilon_{\text{shu}} = 1000K\left(\frac{30}{f_{\text{cy28}}}\right)^{0.5}10^{-6} \tag{6-23}$$

$$\beta(h) = 1 - 1.18h^4 \tag{6-24}$$

$$\beta(t) = \left(\frac{t - t_{\text{c}}}{t - t_{\text{c}} + 0.15(V/S)^2}\right)^{0.5} \tag{6-25}$$

式中：h 为环境相对湿度；t 为混凝土计算龄期，d；t_{c} 为混凝土开始干燥时的龄期，d；V/S 为构件体积与表面积之比，mm；K 为水泥类型系数，对 Ⅰ 类水泥取 1.0，Ⅱ 水泥取 0.7；f_{cy28} 为混凝土龄期为 28d 的圆柱体轴心抗压强度，MPa。

GL2000 模型的参数选取合理，算法得到了优化，计算式更为简洁，便于应用，预测精度整体优于其他模型。该模型适用于水灰比为 0.4～0.6、养护时间不少于 1d 和 28d 抗压强度小于 82MPa 的混凝土。杨小兵[169]基于大量的干燥收缩试验数据对 CEB-FIP（1990）、ACI209（92）、B3 和 GL2000 四个模型的预测性能进行了对比，通过残差、变异系数等指标进行定量分析，发现 GL2000 模型的预测效果最好。在对缺乏试验资料的混凝土结构和预应力混凝土结构进行干燥收缩估算时，推荐使用 GL2000 模型。

（6）SAKATA 模型。为了解决 JSCE 模型只适用于抗压强度在 60MPa 以下的混凝土干燥收缩预测的问题，K.Sakata 于 1993 年提出了 SAKATA 模型。该模

型基于 RILEM 数据库开发，该数据库包含 219 条试验收缩数据。SAKATA 模型适用于抗压强度 120MPa 以下的混凝土干燥收缩预测，它考虑了抗压强度、相对湿度、截面尺寸、水泥类型、截面和水量等多种因素。SAKATA 的相关计算表达式为

$$\varepsilon_{\mathrm{sh}}(t) = \frac{\varepsilon_{\mathrm{shu}} \cdot (t - t_0)}{\beta + (t - t_0)} \qquad (6\text{-}26)$$

$$\varepsilon_{\mathrm{shu}} = \frac{\varepsilon_{\mathrm{shp}}}{1 + \eta \cdot t_0} \qquad (6\text{-}27)$$

$$\varepsilon_{\mathrm{shp}} = \frac{10(1-h)w}{1 + 150\mathrm{e}^{\frac{-500}{f_{\mathrm{cy}28}}}} \qquad (6\text{-}28)$$

$$\beta = \frac{4w\sqrt{\dfrac{V}{S}}}{100 + 0.7t_0} \qquad (6\text{-}29)$$

$$\eta = (15\mathrm{e}^{0.07 f_{\mathrm{cy}28}} + 0.25w) \times 10^{-4} \qquad (6\text{-}30)$$

式中：h 为环境相对湿度；t 为混凝土计算龄期，d；η 为干燥收缩应变函数；t_0 为混凝土开始干燥时的龄期，d；V/S 为构件体积与表面积之比，mm；w 为含水量，kg/m³；$f_{\mathrm{cy}28}$ 为混凝土龄期为 28d 的圆柱体轴心抗压强度，MPa。

该模型仅限于含水量为 130～230kg/m³，环境相对湿度为 45%～80%的混凝土干燥收缩预测。研究表明，SAKATA 模型在高温干燥条件下会严重低估混凝土的干燥收缩[170]。

6.2.2 模型对比分析

混凝土的干燥收缩是一个复杂的不可逆过程，建立干燥收缩模型用于描述发展规律是十分必要的。虽然模型建立机理不同，但目前常用的干燥收缩模型多数是以大量的试验数据为基础，利用统计分析的方法建立含影响因素系数的时变函数，反映了混凝土在特定条件下干燥收缩发展的规律。但这些模型在计算公式和预测精度上都有所区别，差异主要来源于三点：一是影响因素在模型中的反映。模型的建立是从干燥收缩的机理出发，干燥收缩机理不同，筛选的影响因素就有

所不同。二是选择的时变函数要符合混凝土干燥收缩发展的规律。随着龄期的增长，干燥收缩呈现递增的趋势，但增速在逐渐减小。三是模型的适用范围和条件。预测模型往往是基于特定条件或者需求建立的。只有在适用范围内进行预测，计算值和实测值才会有较高的吻合度。通过查阅大量的相关文献资料，本书总结了上述六个常用干燥收缩模型的区别，有以下几个方面。

（1）模型的影响因素。由于预测模型的建立机理和研究重点不同，加之当时的试验条件有限，各个模型考虑的影响因素不同。总的来说，预测模型涉及的影响因素较多，可大致分为内部和外部因素两大类，各个预测模型考虑的影响因素见表 6-5。从表中可以看出，外部因素中的计算龄期、构件截面尺寸、混凝土 28d 抗压强度和环境相对湿度被选择用于所有模型，其他因素则比较分散。CABR 和 SAKATA 模型侧重于考虑外部影响因素，B3 模型考虑的影响因素最多。模型的影响因素与预测精度有重要关联，但在建立模型时没有必要考虑所有的影响因素。模型的预测性能并不完全取决于所考虑的影响因素数量。

表 6-5　常见干燥收缩预测模型考虑的影响因素

模型因素		CABR（1986）	CEB-FIP（1990）	ACI 209（1992）	B3（1995）	GL2000（2000）	SAKATA（1993）
内部因素	含水量				●		●
	空气含量			●			
	水泥类型		●		●	●	
	水泥含量			●	●		
	砂率			●			
	水灰比				●		
	坍落度			●			
	粉煤灰掺量	●					
外部因素	计算龄期	●	●	●	●	●	●
	构件干燥龄期				●	●	●
	截面形状						
	构件截面尺寸	●	●	●	●	●	●

续表

模型因素	CABR（1986）	CEB-FIP（1990）	ACI 209（1992）	B3（1995）	GL2000（2000）	SAKATA（1993）
混凝土 28d 抗压强度	●	●		●	●	●
混凝土 28d 弹性模量				●		
养护方法	●			●		
环境相对湿度	●	●	●	●	●	●
环境温度				●		

注　"●"表示模型考虑的影响因素。

（2）模型的时变函数。根据混凝土干燥收缩机理，干燥收缩预测模型大致划分为两大类：一类是基于统计规律。通过大量的试验数据分析其统计特征和时变特征，利用数学模型进行模拟，并采用影响系数进行修正。早期建立的大量干燥收缩模型都是采用此种方式，其中使用最广的是双曲-幂函数模型。ACI 209 系列模型正是基于此原理提出的，因其具有良好的预测性能，故被沿用至今。另一类是基于干燥收缩发展规律。以理论分析为基础，构造模型框架，利用大量试验数据进行回归分析确定参数。CEB-FIP 系列模型、BP 系列模型都是此类模型。常用的干燥收缩预测模型采用的时变函数列于表 6-6 中。这些干燥收缩预测模型都有类似的数学方程，均是采用双曲函数和幂函数。这些函数均能反映混凝土干燥收缩早期迅速，后期缓慢的增长趋势。不过，从目前关于此方面的研究来看，无论采用哪种形式的时变函数，只要合理、恰当地选择参数，均能有良好的预测效果。

表 6-6　常见收缩预测模型时变函数

模型	CABR（1986）	CEB-FIP（1990）	ACI 209（1992）	B3（1995）	GL2000（2000）	SAKATA（1993）
函数类型	双曲函数	双曲-幂函数	双曲函数	双曲-幂函数	双曲-幂函数	双曲函数

（3）模型的适用范围。每个干燥收缩预测模型本身没有好坏之分，都是基于当时特定的环境，并通过大量的试验数据进行验证和优化得到的。只有在预测模型的适用范围之内进行预测才有较好的精度，常见干燥收缩预测模型的适用范围

见表 6-7。混凝土干燥收缩预测除了根据自身实际情况合理选择预测模型外，仍然需要结合实际情况进行验证和调整。对于一些特殊环境或者特殊结构的混凝土，模型的参数可能需要根据经验调整或进行其他修正。

表 6-7　常见干燥收缩预测模型的适用范围

模型	适用范围
CABR（1986）	普通混凝土：水灰比为 0.44～0.75，砂率为 0.30～0.40，水泥用量为 225～413kg/m³
	轻集料混凝土：水灰比为 0.40～0.76，砂率为 0.40～0.55，水泥用量为 225～450kg/m³
	环境条件：温度 20℃左右，相对湿度为 40%～80%
CEB-FIP（1990）	混凝土：水泥可选 I 类、II 类和III类，28d 平均抗压强度为 20～90MPa
	养护方式：潮湿养护小于 14d，蒸汽养护少于 14d
	环境条件：平均温度 5～30℃，相对湿度为 40%～100%
ACI 209（1992）	混凝土：水泥可选 I 类和 II 类
	养护方式：潮湿养护不小于 7d，蒸汽养护不少于 1d
	环境条件：相对湿度为 40%～80%
B3（1995）	混凝土：水泥可选 I 类、II 类和III类，28d 平均抗压强度为 17.2～69MPa，骨料/水泥质量比为 2.5～13.5，水灰比为 0.35～0.85，水泥用量为 160～719kg/m³
	环境条件：相对湿度为 40%～100%
GL2000（2000）	混凝土：水泥可选 I 类、II 类和III类，28d 平均抗压强度为 16～82MPa，水灰比为 0.40～0.60
	环境条件：相对湿度为 20%～100%
SAKATA（1993）	混凝土：28d 平均抗压强度不超过 120MPa，含水量为 130～230kg/m³
	环境条件：相对湿度为 45%～80%

（4）模型的应用水准。通过上述分析可知，干燥收缩模型考虑的影响因素和适用条件各自不同，导致了各种模型的计算精度和应用水准也不相同。按照适用要求和考虑的影响因素，干燥收缩模型的应用水准分为以下三类：

水准 1：模型中考虑的影响因素只包括了相对湿度、平均厚度及混凝土龄期等较少的参数，对混凝土干燥收缩作粗略估计；

水准 2：基于图表或公式，考虑了大量的影响因素对干燥收缩的影响，干燥收缩计算值由极限收缩值和时变函数组成；

水准 3：这类模型用来计算重要结构的干燥收缩变形，综合考虑了一些特殊因素的影响，有较高的预测精度。

根据应用水准分类原则，常见的干燥收缩预测模型的水准等级见表 6-8。

表 6-8　常见干燥收缩预测模型应用水准等级

模型	CABR（1986）	CEB-FIP（1990）	ACI 209（1992）	B3（1995）	GL2000（2000）	SAKATA（1993）
应用水准	2	3	3	3	3	3

6.2.3　预测结果分析

混凝土干燥收缩预测模型是否具有良好的适用性，取决于模型的预测精度。模型的预测精度评定主要是将各测试龄期下模型的预测值与实测值进行对比验证。每个模型被建立时，也会给出相应的精度评定方法。比如，B3 模型被提出时采用了 B3 变异系数法进行精度评定。由于模型建立时采用的理论不同，精度评定指标也有很多种，但大多都是基于统计学进行定义。目前常用的精度评定指标有残差、相对残差、平均残差、标准差、B3 变异系数、CEB 变异系数等[171]。本书选择最为常用的相对残差（ε）和平均残差（Δ）两个评定指标进行精度评定。相对残差是指实测值与预测值之间的差值的绝对值与实测值的比值。平均残差是每个模型所有相对残差的平均值，用来评估模型的预测准确性和拟合程度。较小的平均残差表示模型能够更准确地预测实测值，而较大的平均残差则表示模型的预测误差较大。

限于篇幅，本书详细阐述试验组 GO-0 在各个常见干燥收缩预测模型下的预测结果，将试验组 GO-0 的实测值与各个模型的预测值进行对比分析以评定预测模型的预测性能，预测结果见表 6-9。从预测精度来看，CABR 模型的相对残差范围为 21.5%～42.5%，不仅数值大，而且变化幅度也较大。CEB-FIP（1990）模型的相对残差范围为 12.6%～143.6%，特别是前三次预测中误差均超过了 100%。它是所有模型中相对残差范围最大的一个。ACI 209（1992）模型除了第一次预测以外，其他预测的相对残差均未超出 10%，预测精度最好。B3 模型和 GL2000 模型的相对残差范围分别为 1.1%～69.2% 和 0%～56.4%，两个模型都表现出前期残差大、后期残差小的特征。特别是在 45d 以后，B3 模型和 GL2000 模型的预测精度超过了 ACI 209（1992）模型。SAKATA 模型的相对残差范围为 4.7%～17.9%，残差变化幅度较小，预测效果稳定。另外，CABR、CEB-FIP（1990）、ACI 209（1992）、B3、GL2000 和 SAKATA 的平均残差分别为 32.4%、53.7%、4.7%、19.0%、15.2%和 10.0%。总的来说，ACI 209（1992）模型预测精度最高，B3 模型、SAKATA 模型和 GL2000 模型次之，CABR 模型、CEB-FIP（1990）模型最差。

表 6-9　试验组 GO-0 的干燥收缩预测结果

模型		1d	3d	7d	14d	28d	45d	60d	90d	120d	150d	180d	360d
CABR	预测值/（×10⁻⁶）	8	22	49	88	145	193	228	265	293	313	325	365
	ε/%	40.3	42.5	42.5	42.0	35.9	33.1	29.9	27.9	25.7	24.0	23.1	21.5
	Δ/%	32.4											
CEB-FIP（1990）	预测值/（10⁻⁶）	30	95	175	257	331	381	414	447	470	485	495	524
	ε/%	130.8	143.6	105.9	70.4	46.4	32.3	27.5	21.5	19.0	17.8	16.9	12.6
	Δ/%	53.7											
ACI 209（1992）	预测值/（×10⁻⁶）	15	42	88	152	236	298	335	382	411	430	444	483
	ε/%	13.3	7.4	4.0	0.3	4.3	3.6	3.1	3.8	3.9	4.4	5.0	3.9
	Δ/%	4.7											
B3	预测值/（×10⁻⁶）	22	65	133	183	245	293	328	364	390	408	418	447
	ε/%	69.2	61.5	56.2	21.0	8.5	1.8	0.9	1.2	1.2	1.1	1.1	3.8
	Δ/%	19.0											
GL2000	预测值/（×10⁻⁶）	17	61	118	189	250	294	325	358	382	398	408	441
	ε/%	30.8	56.4	38.8	25.2	10.6	2.1	0.0	2.7	3.4	3.4	3.5	5.1
	Δ/%	15.2											
SAKATA	预测值/（×10⁻⁶）	12	46	76	132	209	266	298	337	359	372	381	401
	ε/%	4.7	17.9	10.6	12.4	7.5	7.7	8.3	8.4	9.1	9.6	9.9	13.7
	Δ/%	10.0											

从预测误差分布的均匀性来看，各个模型在干燥收缩发展的三个阶段表现出不同的预测效果，如图 6-3 所示。CABR 模型在三个阶段的平均残差均较大，误差分布在三个阶段呈现减小趋势，但整体预测效果表现最差。CEB-FIP（1990）

模型在三个阶段的平均残差在逐渐减小，在加速阶段平均残差接近 80%，而到了稳定阶段预测效果表现较好。ACI 209（1992）模型在三个阶段平均残差稳定，且均未超出 10%，是所有模型中预测效果最佳的模型；B3 模型在加速阶段的平均残差达到了 30%以上，但是在后面两个阶段的平均残差明显减小，预测效果超过同时期的 ACI 209（1992）模型。GL2000 模型预测效果的特征与 B3 模型类似，但是平均残差略微大于 B3 模型。SAKATA 模型在三个阶段的预测效果均比较稳定，误差分布特点类似于 ACI 209（1992）模型。所以，从预测分布的均匀性来看，ACI 209（1992）模型和 SAKATA 模型最佳，CABR 模型次之，GL2000 模型、B3模型和 CEB-FIP（1990）模型效果最差。

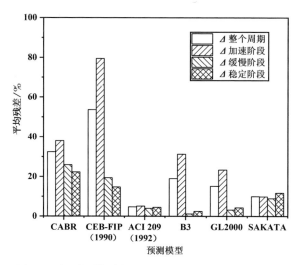

图 6-3　各预测模型在不同干燥收缩阶段的平均残差

图 6-4 为各干燥收缩预测模型对试验组 GO-0 预测得到的干燥收缩预测曲线。总的来说，所有模型的预测曲线都有和实测值类似的变化规律，但也有各自的特点。如图 6-4（a）所示，CABR 模型的干燥收缩预测曲线位于实测数据点的下方，说明预测值严重低估了实测值，但有减小误差的趋势。造成这一现象可能的原因为：一方面，CABR 模型涉及的因素较少，尤其是内部因素。另一方面，抗压强度系数的设定仅达到 LWAC 的 LC30，更高的等级没有详细说明。如图 6-4（b）所示，CEB-FIP（1990）模型的干燥收缩预测曲线位于实测数据点的上方，说明

预测值严重高估了实测值，主要是因为干燥收缩预测曲线在加速阶段出现了急剧上升。如图6-4（c）所示，ACI 209（1992）模型的干燥收缩预测曲线和实测值几乎接近，预测性能整体表现最好。如图6-4（d）所示，B3模型的收缩预测曲线开始偏离实测值，后面逐渐接近实测值，说明预测误差在逐渐减小。总体而言，B3模型比CABR模型和CEB-FIP（1990）模型在本研究中提供了更好的预测精度。如图6-4（e）所示，GL2000模型的干燥收缩预测曲线特征与B3模型接近，具有相似的特征。如图6-4（f）所示，SAKATA模型的干燥收缩预测曲线在整个测试期间略微低估了实测值。SAKATA模型预测曲线在开始时与实测值存在微小偏差，之后随着时间的推移，这种偏差趋势越来越明显。

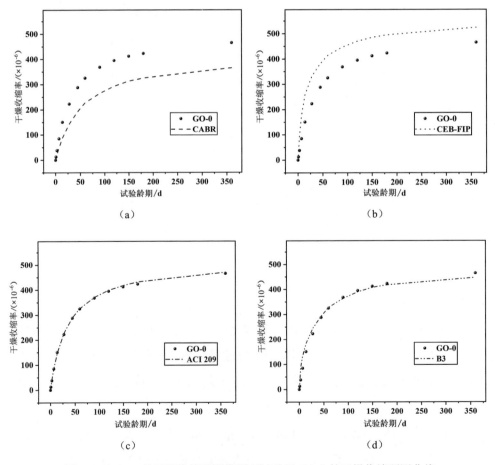

（a）

（b）

（c）

（d）

图6-4（一）　各干燥收缩预测模型对试验组GO-0的干燥收缩预测曲线

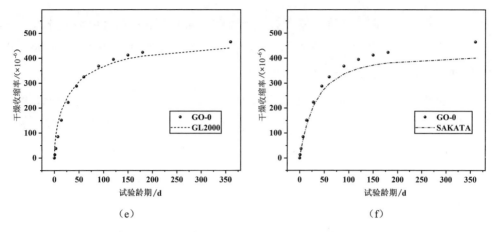

图 6-4（二） 各干燥收缩预测模型对试验组 GO-0 的干燥收缩预测曲线

6.3 ACI 209（1992）修正模型的建立与预测分析

对于不同的混凝土，每种干燥收缩模型都会呈现出不同的预测精度，因而不能简单地通过一次试验预测结果来绝对地判定模型的好坏。每种干燥收缩模型往往是对某一类型混凝土的干燥收缩能实现较好的预测，这是受限于模型的机理和影响因素的。另外，许多干燥收缩模型的建立是基于当时特定的试验环境，随着新材料的应用和环境的变化，混凝土的干燥收缩可能有新的规律。除此之外，即使对于同一类型的混凝土，在不同的环境下所展示的干燥收缩规律也有所不同。因此，在选择模型进行预测时，现有的模型可能很难达到理想的预测精度。国内外学者在充分考虑混凝土在试验或工程实践中干燥收缩的发展规律和影响因素，提出了许多对传统模型进行修正的方法，从而进一步提高了预测精度，满足了结构设计或者工程施工的需求。

钱春香等人[172]认为桥梁建设中使用的高强混凝土，作为耐久性要求高的材料，有必要提高其长期干燥收缩的预测精度。研究发现，混凝土试件的尺寸不仅会影响干燥收缩的过程，还会影响干燥收缩的极限值。在一定范围内，试件尺寸越小，干燥收缩极限值越大。而在 CEB-FIP（1990）模型中却没有考虑试件尺寸因素的影响。于是，在 CEB-FIP（1990）模型极限值计算时，引入了试件尺寸影响因子，并以乘积的方式进行修正。以现有的试验数据进行拟合得到试件尺寸影响因子的表达式。通过对比验证，含有试件尺寸影响因子的 CEB-FIP（1990）修正模型可以进一步提高预测精度。

杨建辉等人[173]重点研究了 C80 和 C100 高强度混凝土的干燥收缩特性，并分别用 B3 模型、CEB-FIP（1990）模型和 GL2000 模型进行了干燥收缩预测。试验结果表明，B3 模型有较好的预测精度，但相对残差仍达到了 16%～25%。为了进一步提供预测精度，采取了对收缩值乘以综合修正系数的处理方式。修正后的 B3 模型相对残差降至约 10%，满足了工程的需求。

齐金振等人[174]针对 B3 模型不能连续计算的问题，以水泥种类、体表比、混凝土含水量和混凝土抗压强度等为主要控制变量，对混凝土干燥收缩发展的时变函数进行重构而得到修正后的 B3 模型。修正后的 B3 模型具有公式清晰、易于编程计算的特点。试验结果表明，该模型在普通混凝土和高强度混凝土干燥收缩预测中都能展示出更高的精度。

黄侨等人[175]就修正 B3 模型中的双曲正切函数时会出现数学上的不适定问题，提出了基于短期试验数据修正干燥收缩预测模型的新方法。该方法将干燥收缩预测分为两个阶段，第一阶段是在干燥收缩持续 50d 以内，采用大量试验数据进行拟合得到修正参数，修正后的 B3 模型稳定且预测精度更高。第二阶段是在 50d 以后，B3 模型不存在不适定问题，无须修正，且精度较高。

张欢等人[176]在分析了再生混凝土干燥收缩发展规律的基础之上，认为基体混凝土强度越大，再生细骨料混凝土的干燥收缩越小。于是，引入了基体混凝土抗压强度修正系数对原有的课题组自创的 HIT-sh 模型进行修正，并通过对现有的 40 组干燥收缩试验数据进行对比。预测结果表明，修正后模型的预测结果离散性更小，预测精度更高。

韩国波等人[177]对比验证了 CABR 模型、MC2010 模型、ACI 209 模型和 B3 模型在高强轻骨料混凝土收缩徐变的预测效果。计算结果表明，MC2010 模型和 ACI 209 模型预测效果较好，但是与试验测试值仍存在一定的差距，这主要是因为高强轻骨料的高吸水率导致了高强轻质混凝土的干燥收缩发展规律不同于普通混凝土。骨料的含水率直接影响着相对湿度。为了反映骨料吸水率对干燥收缩的影响，利用 MC2010 模型计算总收缩值，引入了含水率影响系数并以乘积的形式进行修正从而进一步提高预测精度。

沈东等人[178]发现早强低收缩玄武岩纤维混凝土的早期干燥收缩比普通混凝土低 24%，而 CEB-FIP、GL2000、ACI209 和王铁梦模型最终都会出现低估收缩值的现象。不过，GL2000 模型的干燥收缩预测值保持了与实测值类似的规律，特别是早期预测时吻合度较高。为了进一步提高预测精度，作者以实测值进行拟合得到修正后的龄期发展函数。试验结果表明，修正后的 GL2000 模型可以将干燥收缩预测误差控制在 5%以内。

夏旭东[179]也认为现有的干燥收缩预测模型无法对高强轻骨料混凝土干燥收缩进行更为准确的预测，并在试验中发现高强轻骨料混凝土的干燥收缩与抗压强度之间存在良好的线性关系，于是在 ACI209 模型中的极限收缩值计算时，引入强度影响系数并以乘积方式进行修正。通过大量试验数据进行拟合得知，强度影响系数与抗压强度之间是线性相关的，相关系数为 0.89。

Chen 等人[59]在研究低剂量氧化石墨烯改善普通混凝土力学性能和干燥收缩徐变性能时，也对比分析了 ACI 209、B3、GL2000、CABR 和 CEB-FIP 模型的适用性。试验结果表明，ACI 209 模型预测值的变化趋势与实测值吻合度最高。但氧化石墨烯在提升强度的同时也会增大干燥收缩，导致 ACI209 模型预测值存在一定的偏差。因此，在 ACI 209 模型的基础上考虑了混凝土强度的影响，同时引入收缩最终值影响系数和时变函数的指数影响系数对模型进行双重修正。

Mushtaq 等人[180]对以废弃铸造砂配制的混凝土干燥收缩进行了试验研究和数值模拟。试验结果表明，废弃铸造砂含量越高，混凝土干燥收缩就越大。数值模拟结果表明，ACI 209 模型具有较好的预测精度。为了定量分析废弃铸造砂含量对混凝土干燥收缩的影响，通过数据拟合的方式在原有的双曲时变函数基础上加了以废弃铸造砂含量为变量的线性函数。修正后的 ACI 209 模型可以更准确地反映废弃铸造砂对混凝土干燥收缩的影响。

综上所述，对现有模型进行修正的方法主要分为三大类。

（1）极限收缩值修正。这一类方法的关键在于进一步挖掘干燥收缩的影响因素，补充完善现有模型的影响系数，量化影响因素对极限收缩的影响。

（2）时变函数修正。当混凝土干燥收缩发展规律无法用现有的双曲函数或者双曲-幂函数进行模拟时，可以对现有函数进行优化或者采用其他函数代替以实现更精确的模拟效果。

（3）极限收缩值和时变函数双重修正。该方法结合了前两种方法的特点，同时对极限收缩值和时变函数进行修正。

6.3.1　ACI 209（1992）修正模型

6.2 节的预测结果表明，针对试验组 GO-0 的干燥收缩试验数据，ACI 209（1992）模型表现出最好的预测效果。但使用 ACI 209（1992）模型对添加了不同含量的氧化石墨烯混凝土试验组进行干燥收缩预测的效果如何呢？这是需要进一步解决的问题。

通过 ACI 209（1992）模型的计算公式（6-12）和式（6-13）可知，该模型计算思路清晰，所有的影响参数都进行了量化或者公式化。而混凝土试验组 GO-0～GO-8 中除了混凝土坍落度影响系数不同，其他的影响系数都相同。混凝土坍落度影响系数的计算公式为

$$\gamma_s = 0.89 + 0.00161s \tag{6-31}$$

通过式（6-31）得知，坍落度 s 增大，坍落度影响系数随之增大，反之减小。因此，在其他参数相同的情况下，混凝土的干燥收缩值与坍落度之间是线性增长关系。在第 3 章中发现，由于氧化石墨烯具有较大的比表面积，因此随着氧化石墨烯添加量的增加，高强轻质混凝土的坍落度在减小。所以，从理论上分析，随着氧化石墨烯添加量的增加，干燥收缩预测值呈现减小的规律。但是这一规律与实际试验中观察到结果却不相符合。在试验中，随着氧化石墨烯添加量的增加，高强轻质混凝土的干燥收缩实测值呈现先增大后减小的规律。当氧化石墨烯含量为 0.05% 时，干燥收缩实测值达到最大。因此，直接使用 ACI 209（1992）模型对含有氧化石墨烯的高强轻质混凝土试验组进行干燥收缩预测可能会出现较大的偏差。

为了简化分析和控制试验成本，本书着重讨论氧化石墨烯添加量在最优添加量范围内（0.05%）的高强轻质混凝土试验组（GO-2、GO-4 和 GO-5）的干燥收

缩预测效果。图 6-5 展示了试验组 GO-0、GO-2、GO-4、GO-5 的 ACI 209（1992）模型干燥收缩预测值和实测值的对比。由此可知，随着氧化石墨烯添加量的增加（不大于 0.05%），实测值逐渐增大，而预测值在逐渐减小。为了提高 ACI 209（1992）模型在含有氧化石墨烯高强轻质混凝土干燥收缩预测中的适用性，尝试对 ACI 209（1992）模型进行修正。

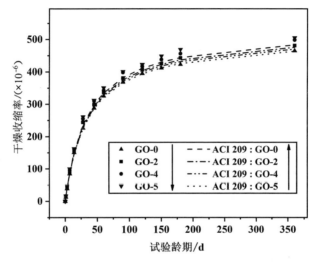

图 6-5　ACI 209（1992）模型干燥收缩预测值和实测值对比图

结合 ACI 209（1992）模型的特点，取时变函数为计算方便的双曲函数，极限收缩值为标准条件下的最终收缩值与各类影响系数相乘的结果。这些影响系数独立地反映了各类影响因素对干燥收缩预测值的定量影响。因此，选用极限收缩值修正的方式对 ACI 209（1992）进行模型修正。ACI 209（1992）模型中已经考虑的内部因素为混凝土空气含量、水泥含量、细骨料含量，外部因素为养护方法、构件截面尺寸和环境相对湿度等。由试验结果可知，在最佳含量范围内添加氧化石墨烯，高强轻质混凝土的干燥收缩逐渐增大。基于此，引入氧化石墨烯含量影响系数 γ_{GO} 对 ACI 209（1992）模型进行修正以提高预测精度。

氧化石墨烯含量影响系数 γ_{GO} 为干燥收缩实测值与 ACI 209（1992）模型预测值的比值。计算方式如下：首先，将每组混凝土在各个测试龄期下的干燥收缩实测值除以 ACI 209（1992）模型预测值得到每组混凝土在不同龄期的 γ_{GOi}；然后，根据每组混凝土在不同龄期下的 $\gamma_{\text{GO}i}$ 求得平均值 γ_{GO} 和标准差 δ，计算结果见表 6-10。最后，根据氧化石墨烯含量 p_{GO} 对应的氧化石墨烯影响系数 γ_{GO} 行拟合，从而得到氧化石墨影响系数的数学表达式。

表 6-10 氧化石墨烯含量影响系数 γ_{GO} 的计算结果

试验组	GO-0	GO-2	GO-4	GO-5
p_{GO}	0	0.0002	0.0004	0.0005
γ_{GO}	0.9841	1.0258	1.0722	1.1064
δ	0.0257	0.0189	0.0336	0.041

通过拟合发现，氧化石墨烯含量影响系数 γ_{GO} 与氧化石墨烯含量 p_{GO} 之间具有良好的线性关系（图 6-6），相关系数为 $R^2 = 0.98$，拟合方程为

$$\gamma_{\text{GO}} = 1 + 240 \times p_{\text{GO}} \tag{6-32}$$

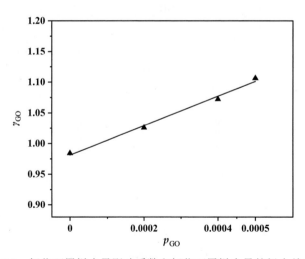

图 6-6 氧化石墨烯含量影响系数和氧化石墨烯含量的拟合关系

因此，ACI 209（1992）修正模型的相关计算表达式为

$$\varepsilon_{\text{sh}}(t) = \frac{t - t_0}{35 + (t - t_0)} \varepsilon'_{\text{shu}} \tag{6-33}$$

$$\varepsilon'_{\text{shu}} = 780 \times \gamma_{\text{cp}} \times \gamma_a \times \gamma_c \times \gamma_\varphi \times \gamma_s \times \gamma_\lambda \times \gamma_h \times \gamma_{\text{GO}} \times 10^{-6} \tag{6-34}$$

6.3.2　预测结果分析

利用 ACI 209（1992）修正模型对试验组 GO-0、GO-2、GO-4 和 GO-5 进行预测，结果见表 6-11。从表中可看出，试验组 GO-0、GO-2、GO-4 和 GO-5 在不同龄期下的相对残差均较小，平均残差分别为 4.7%、2.6%、2.7% 和 3.0%。通过相对残差和平均残差可以判断出，ACI 209（1992）修正模型对每个试验组的模拟均较为理想。

表 6-11　ACI 209（1992）修正模型的干燥收缩预测结果

模型		1d	3d	7d	14d	28d	45d	60d	90d	120d	150d	180d	360d
GO-0	实测值/（×10⁻⁶）	13	39	85	151	226	288	325	368	395	412	423	465
	预测值/（×10⁻⁶）	15	42	88	152	236	298	335	382	411	430	444	483
	ε/%	13.3	7.4	4.0	0.3	4.3	3.6	3.1	3.8	3.9	4.4	5.0	3.9
	Δ/%	4.7											
GO-2	实测值/（×10⁻⁶）	15	40	88	154	244	299	336	381	406	425	443	481
	预测值/（×10⁻⁶）	15	43	90	155	241	305	343	391	420	440	454	495
	ε/%	0.5	7.1	2.8	0.7	1.2	2.1	2.0	2.6	3.5	3.5	2.6	2.8
	Δ/%	2.6											
GO-4	实测值/（×10⁻⁶）	16	47	96	161	255	310	343	398	417	438	456	498
	预测值/（×10⁻⁶）	15	44	93	159	247	313	352	401	431	452	466	508
	ε/%	3.3	6.5	3.3	1.2	2.9	1.0	2.5	0.7	3.4	3.1	2.2	1.9
	Δ/%	2.7											
GO-5	实测值/（×10⁻⁶）	17	48	100	163	261	312	351	401	423	449	469	505
	预测值/（×10⁻⁶）	16	44	93	160	249	315	353	403	433	454	468	510
	ε/%	8.6	8.0	6.7	1.9	4.7	0.9	0.7	0.5	2.4	1.0	0.1	1.0
	Δ/%	3.0											

图 6-7 为 ACI 209（1992）修正模型干燥收缩预测值和实测值的对比。不难看

出，不同试验组的 ACI 209（1992）修正模型干燥收缩预测值和实测值的走势基本一致，吻合度较高。与图 6-5 相比，图 6-7 中展现的随着氧化石墨烯含量增加，干燥收缩增大的规律与试验结果规律一致。ACI 209（1992）修正模型中的氧化石墨烯含量影响系数实质是依据氧化石墨烯添加量的多少来决定干燥收缩实测值的放大倍数。

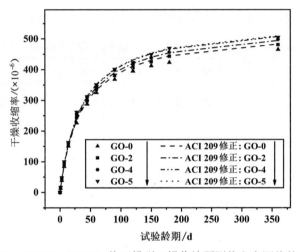

图 6-7　ACI 209（1992）修正模型干燥收缩预测值和实测值的对比

将 ACI 209（1992）修正模型在每个试验组各个试验龄期下干燥收缩预测的相对残差（含正负）绘制成误差走势图，如图 6-8 所示。

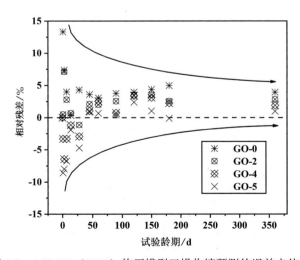

图 6-8　ACI 209（1992）修正模型干燥收缩预测的误差走势图

ACI 209（1992）修正模型在早期时预测误差较大，随着试验龄期的增长，预测误差在减小，并且逐渐趋于稳定，最终的相对残差为 1.0%～3.9%。

6.4　本章小结

本章探讨了不同氧化石墨烯添加量的高强轻质混凝土干燥收缩性能，对比了 CABR 模型、CEB-FIP（1990）模型、ACI 209（1992）模型、B3 模型、GL2000 模型和 SAKATA 模型的建模机理、影响因素、适用范围以及预测精度，并在此基础上提出了精度更高的含有氧化石墨烯含量影响系数的 ACI 209（1992）修正模型，有关结论如下。

（1）通过接触法干燥收缩试验结果得知，所有试验组干燥收缩发展都呈现出一致的规律：随着试验龄期的增长，干燥收缩率呈现递增的趋势，但增长速率逐渐减缓，最后趋丁平稳。添加氧化石墨烯会导致高强轻质混凝土的干燥收缩率增大，从而降低抗干燥收缩开裂的能力。随着氧化石墨烯添加量的增加，同一试验龄期下的混凝土试件的干燥收缩均呈现出先增大后减小的趋势。

（2）将 CABR 模型、CEB-FIP（1990）模型、ACI 209（1992）模型、B3 模型、GL2000 模型和 SAKATA 模型用于预测高强轻质混凝土的干燥收缩。模拟结果表明，ACI 209（1992）模型预测精度最高，B3 模型、SAKATA 模型和 GL2000 模型次之，CABR 模型、CEB-FIP（1990）模型最差。

（3）针对 ACI 209（1992）模型预测不同氧化石墨烯添加量的高强轻质混凝土干燥收缩会出现与试验结果不符的现象，在保留现有的 ACI 209（1992）模型特点基础之上，引入氧化石墨烯含量影响系数对其进行修正。氧化石墨烯含量影响系数考虑更为全面，计算公式简单适用。数值模拟结果表明，ACI 209（1992）修正模型对不同氧化石墨烯含量的高强轻质混凝土的干燥收缩预测有更高的精度。必须说明的是，本书修正模型只讨论了氧化石墨烯添加量小于 0.05% 的高强轻质混凝土，得到的参数和计算公式并不具有普遍性，旨在提供一种模型修正的思路和方法。

第 7 章 氧化石墨烯对高强轻质混凝土微观机理的影响研究

7.1 引 言

混凝土具有复杂的多孔特征，其宏观行为不能简单地看作其各个组成成分特性简单地叠加而成，也正因如此，混凝土具有微观、细观和宏观三个尺度的特征。从细观（或者亚微观）尺度来看，混凝土是由水泥浆体、界面过渡区和集料三部分组成，三部分各自的性质以及相互关系决定着混凝土的性质。对于轻集料来说，界面过渡区的性质显得更为关键，具有决定性作用。但界面过渡区的性质又由集料和水泥浆体共同支配，其中水泥浆体起着主导作用。从微观尺度来看，水泥浆体是一种复杂的非均质的多相体，主要包含水泥水化产物、未水化的水泥颗粒及杂质和孔隙。混凝土的性能主要由水泥水化产物和孔隙结构共同决定。

混凝土的力学性能主要是通过水泥水化反应形成。水泥水化是水泥中组成的各类矿物熟料和水之间发生化学反应。水泥加水后，最初形成具有可塑性的浆体，然后逐渐变稠并失去塑性，强度随之提高，最后变成坚硬的石状物体（水泥石）。水化具有物理和机械作用，不仅影响水泥材料的工程性能，而且对微观结构的影响也至关重要。对于普通硅酸盐水泥，其中参与化学反应的四种矿物熟料为硅酸三钙（$3CaO \cdot SiO_2$，简写为 C_3S）、硅酸二钙（$2CaO \cdot SiO_2$，简写为 C_2S）、铝酸三钙（$3CaO \cdot Al_2O_3$，简写为 C_3A）和铁铝酸四钙（$4CaO \cdot Al_2O_3 \cdot Fe_2O_3$，简写为 C_4AF）。各种矿物与水发生化学反应的方程式为

$$2(3CaO \cdot SiO_2) + 6H_2O = 3CaO \cdot 2SiO_2 \cdot 3H_2O + 3Ca(OH)_2 \qquad (7\text{-}1)$$

$$2(2CaO \cdot SiO_2) + 4H_2O = 3CaO \cdot 2SiO_2 \cdot 3H_2O + Ca(OH)_2 \qquad (7\text{-}2)$$

$$3CaO \cdot Al_2O_3 + 6H_2O = 3CaO \cdot Al_2O_3 \cdot 6H_2O \qquad (7\text{-}3)$$

$$4CaO \cdot Al_2O_3 \cdot Fe_2O_3 + 7H_2O = 3CaO \cdot Al_2O_3 \cdot 6H_2O + CaO \cdot Fe_2O_3 \cdot H_2O \qquad (7\text{-}4)$$

上述反应中,硅酸三钙水化反应很快,水化放热大,生成 C-S-H 和 CH。C-S-H 几乎不溶于水,而是以胶体微粒析出,并逐渐凝聚成为凝胶。由于凝结时间较短,不便使用。为了调节水泥的凝结时间,通常在矿物料中添加少许石膏,石膏会与部分水化铝酸钙反应,生成难溶的水化硫铝酸钙的针状晶体,化学反应的方程式为

$$3CaO \cdot Al_2O_3 \cdot 6H_2O + 3(CaSO_4 \cdot 2H_2O) + 19H_2O = 3CaO \cdot Al_2O_3 \cdot 3CaSO_4 \cdot 31H_2O \qquad (7\text{-}5)$$

反应生成的水化硫铝酸钙(俗称钙矾石,简写为 AFt)延缓了水泥的凝结时间。若石膏反应完毕后还有 C_3A,则 C_3A 会与 AFt 继续反应形成单硫型水化硫铝酸钙(简写为 AFm)。

Bensted 等人[181]将普通硅酸盐水泥的水化反应大致分为初期、诱导期、加速期和后加速期四个阶段。水化反应初期阶段主要发生在水泥中加入水并进行搅拌溶解的短暂几分钟内。在此阶段,水分渗入水泥颗粒内部,游离的硫酸盐、铝酸盐快速溶解,并形成 AFt。诱导期阶段主要集中在混凝土搅拌、运输和浇筑过程。硅酸盐水泥中的硅酸钙离子逐渐结晶,形成具有胶结性的 C-S-H。这种凝胶起着黏合水泥颗粒的作用,使混凝土逐渐变得坚固。SiO_2 和 Al_2O_3 浓度降低至低水平,一些钙离子与 C-S-H 凝胶中的硅酸根离子反应,形成 CH 沉淀物。加速期阶段主要发生在凝结和早期硬化过程中,C_3S 反应加速并达到最快,C-S-H 和 CH 快速形成至饱和,混凝土内部孔隙率下降。后加速期阶段主要发生在拆模和后续的硬化过程中,铝酸盐二次水化产生了 AFm,孔隙率继续下降。整个水化反应过程中,水泥浆逐渐凝固成为坚固的水泥胶凝体,最终形成混凝土的硬化结构。

水泥水化引起化学反应的同时,还会引起一系列的物理化学变化。水泥凝结和硬化过程中的机理比较复杂,可以解释为[182]:当水泥加水后,水泥颗粒会迅速分散于水中,如图 7-1(a)所示;最后,水泥颗粒与水发生化学反应,生成的水化产物逐渐聚集在颗粒表面形成凝胶薄膜,如图 7-1(b)所示。胶凝薄膜会使水化反应减慢,且使水泥浆体具有可塑性。由于生成的胶体水化产物会逐渐构成疏松的网状结构,致使浆体失去流动性和部分可塑性,此时宏观上表现为初凝阶段。

之后，由于薄膜的破裂，水泥又与水迅速而广泛地接触，水化反应又加速，生成大量的 C-S-H、CH、AFt 和 AFm 等水化产物，它们相互接触连生，如图 7-1（c）所示。到一定程度，浆体完全失去塑性，建立起充满全部孔隙的紧密的网状结构，并在网状结构内部不断充实水化产物，使水泥具有一定的强度，此时宏观上表现为终凝阶段。当水泥颗粒表面重新被水化产物所包裹时，水化产物层的厚度和致密程度不断增加，水泥浆体趋于硬化，形成具有较高强度的水泥石，如图 7-1（d）所示。

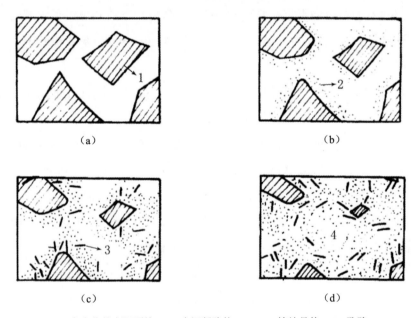

（a）　　　　　　　　　　　　　　　　（b）

（c）　　　　　　　　　　　　　　　　（d）

1—未水化的水泥颗粒；2—水泥凝胶体；3—CH 等结晶体；4—孔隙

图 7-1　水泥硬化过程示意图

所以，普通硅酸盐水泥水化反应后，生成的主要水化产物有 C-S-H、CH、AFt 和 AFm。混凝土的微观结构和内部组成随着水泥水化反应的进度而改变，水泥浆体组成如图 7-2 所示。

大量研究表明，混凝土内部的孔隙结构特征对其强度、渗透性及变形等宏观性能有重要影响。除此之外，混凝土水化产物的组成、结构和形貌对其力学性能和耐久性能也会有重要影响。因此，若没有微观方面的研究或者不掌握微观方面存在的规律，则对混凝土的宏观性能的变化以及可能产生的危害无法作出科学和合理的解释和判断。早在 1987 年，吴中伟教授针对混凝土的努力方向和科研工作方法等问题提出两点反思，重点强调了对混凝土的研究工作应该采用宏观到微观、整体到局部、理论联系实际的多层次思路[183]。1997 年，吴中伟再次强调混凝土亚微观和微观研究的重要性，并认为亚微观、微观研究将为绿色高性能混凝土的发展和提高提供有力的依据[184]。所以，只有研究混凝土微观结构特征，研究微观结构与宏观结构相互联系，才能从本质上认识氧化石墨烯对高强轻质混凝土宏观性能的影响。

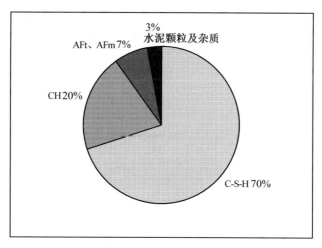

图 7-2　水泥浆体组成

氧化石墨烯由于具有优异的力学性能和活性官能团，在增强水泥基材料力学性能方面已展现出无可比拟的优势。但氧化石墨烯的改善机理虽进行了大量的研究，但目前尚未形成统一的认识。本章借助 MIP 和 SEM 从多角度对不同含量氧化石墨烯高强轻质混凝土进行微观机理分析。在细观尺度上，采用 MIP 测试高强轻质混凝土内部孔隙结构的特征参数（孔隙率、孔隙表面积和孔径分布等），分析不同含量氧化石墨烯的高强轻质混凝土孔隙结构特征以及对宏观性能的影响；在微观尺度上，采用 SEM 测试高强轻质混凝土水化产物的微观形貌，分析氧化石墨烯对微观形貌和宏观性能的影响。

7.2 氧化石墨烯对高强轻质混凝土孔隙结构的影响

（1）混凝土孔隙理论模型及分类。过去，混凝土在很长一段时间被视为各向同性的匀质材料。人们更多的是重视混凝土的强度特征和结构行为，而忽视了微观结构对混凝土力学和耐久性能的影响。事实上，混凝土是一种具有多孔结构且非均匀的多相体，其内部具有错综复杂的孔隙结构体系。混凝土孔隙大小不一，形状各异，跨越了微观、细观和宏观三个尺度。1980 年，Wittmann 提出对混凝土孔隙结构的研究应从单纯的孔隙率拓展到孔径分布、孔的形态等更深层次的方面，并提出了"孔隙学"的相关理论[185]。吴中伟等人[186]认为对混凝土性能的研究应该破除"只重视强度而忽视甚至无视耐久性"的错误思维，强调重视混凝土孔隙结构对力学性能和耐久性能的决定性作用。后续相关研究表明，混凝土的宏观性能不仅与孔隙率有关，还与孔径分布有着密切联系[187]。各国学者基于不同的理论对混凝土内部的孔隙结构展开了大量研究和探讨，并提出了许多孔隙结构模型，其中较为经典的模型有以下几种。

1）Powers-Brunauer 模型[188]。Powers-Brunauer 模型描述了水泥水化过程中孔隙的空间变化。随着水化反应的进行，由于所形成的水化产物体积大于未水化颗粒，水化产物一方面占据原有水泥粒子的空间，另一方面逐渐填充于原来充水的空间。水化反应逐渐完成时，仍有一部分原充水空间没有被填满，这部分空间 Powers 称之为毛细孔。毛细孔的孔径变化范围很大，取决于水化反应程度和水胶比。而水泥水化产物分为内部和外部水化产物。内部水化产物主要为密实的 C-S-H 凝胶，凝胶内部存在的孔隙称之为凝胶孔，孔径一般为 3～4mm。凝胶孔含量约为内部水化产物的 28%。外部水化产物为外侧 C-S-H 凝胶、大部分 CH 以及 AFt 晶体等，比较疏松。外部水化产物之间的孔隙称为过渡孔。具体分类见表 7-1。

2）吴中伟模型。吴中伟认为孔隙结构比孔隙率对混凝土宏观性能的作用更关键，在综合了二者的影响之后，建立了含有不同孔级分孔隙率和影响系数的高强轻质混凝土模型，孔的分类见表 7-2。他认为降低孔隙率，减少有害孔和多害孔，就可以提高混凝土的密实度和强度。另外，孔的形状对强度也有影响，例如长短轴比例大的椭圆形孔是抗拉、抗折的薄弱区域，从而不利于抗压强度。

表 7-1　Powers-Brunauer 模型中孔的分类

孔分类名称	孔直径/nm
凝胶孔	<4
过渡孔	4～100
毛细孔	>100

表 7-2　吴中伟模型中孔的分类

孔分类名称	孔直径/nm
无害孔	<20
少害孔	20～100
有害孔	100～200
多害孔	>200

3）近腾连一-大门正机模型[189]。1976 年，日本近腾连一和大门正机在对 Feldman-Sereda 模型[190]进行改进的基础上，提出了近腾连一-大门正机模型。该模型认为混凝土内部是不完整层状晶体结构。凝胶微晶内孔是混凝土中最小的孔隙，孔内为层间水。凝胶微晶间孔即为 Powers-Brunauer 模型的凝胶孔，孔内为结构水和非蒸发水。模型中孔的分类见表 7-3。

表 7-3　近腾连一-大门正机模型中孔的分类

孔分类名称	孔直径/nm
凝胶微晶内孔	<1.2
凝胶微晶间孔	1.2～3.2
凝胶粒子间孔	3.2～200
毛细孔或大孔	>200

4）其他模型。除了上述介绍的模型外，还有一些其他模型被提出，其中以布特等人[191]提出的模型应用最为广泛。布特等人提出的模型中孔的分类见表 7-4。该模型与上述模型中区别最大的是增大了凝胶孔的孔径范围。凝胶孔包括了凝胶微晶内孔和凝胶微晶间孔。因此，凝胶孔数量越多，混凝土的水化反应就越充分，

混凝土的密实性和强度就越高。除此之外,使用较广的模型还有 Mehta 模型。

表 7-4　布特模型中孔的分类

孔分类名称	孔直径/nm
凝胶孔	<10
过渡孔	10～100
毛细孔	100～1000
大孔	>1000

　　(2)混凝土孔隙与混凝土性能的关系。硬化后的水泥浆体是由凝胶体、晶体、未水化的水泥颗粒、孔隙及孔隙中的水与空气组成,是一种微、细观结构内容很丰富的固-液-气三相多孔体系。孔隙结构是其中最重要的内容之一,它直接影响着混凝土的宏观力学性能和耐久性能。水化反应随着龄期的增长是一个由快变慢的过程,到后期各种水化产物逐渐填满原来由水占据的空间,使混凝土不断致密,渗透率降低,强度增大。随着水化反应的进行,凝胶体膜层越来越厚,水泥颗粒内部的水化反应越来越困难,可能需要经过几个月甚至若干年。水泥石中孔隙、渗透性和强度在不同时期的相对数量变化,影响着水泥石性质变化,三者随龄期的发展情况如图 7-3 所示[192]。定量分析孔隙结构对宏观性能的影响是专家学者研究的重点内容。最初的研究说明混凝土的宏观性能只与孔隙率相关,并得到了一些经验公式,如强度与总孔隙率的关系式、抗渗性与毛细孔隙率的关系式。但随着研究的不断深入,混凝土的宏观性能被发现不仅仅与孔隙率相关,与孔形、孔径大小和孔径分布都有着密切关系。

　　1)强度与孔隙结构的关系。混凝土强度是表征混凝土性能的基本要素之一,而混凝土强度与孔隙结构之间存在着相互作用和相互制约的复杂关系。许多学者对此展开了大量深入的研究,并提出了抗压强度与孔隙结构的数学模型。

　　法国学者 Feret[193]认为混凝土强度与其内部的水泥、水和空气的体积含量有关,于 1896 年首次提出了混凝土抗压强度与孔隙率的数学模型,计算式为

$$f_{c} = K \left(\frac{V_{c}}{V_{c} + V_{W} + V_{a}} \right)^{2} \tag{7-6}$$

式中:f_c 为混凝土的抗压强度,MPa;K 为试验常数;V_c 为水泥的绝对体积,m³;

V_W 为水的绝对体积，m^3；V_a 为空气的绝对体积，m^3。

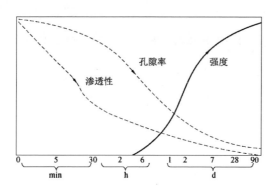

图 7-3 孔隙率、渗透性、强度随龄期的发展情况

由式（7-6）可知，混凝土抗压强度与水和空气的绝对体积之间成反比。而水和空气的体积越大说明混凝土内部孔隙率越高。因此，混凝土内部孔隙率越高，其抗压强度也就越小。

20 世纪 60 年代，美国学者 Powers 在对水泥石微观结构进行假设的前提下，以大量的试验结果为基础，将水化反应产生的凝胶作为关键要素，建立了胶空比模型，计算式为

$$f_c = AX^n \tag{7-7}$$

式中：A 为凝胶体强度；X 为胶空比，为凝胶体积/（凝胶体积+毛细孔体积）；n 为回归常数，取值为 2.5～3。

之后，借鉴 Powers 的胶空比理论建模经验，一些学者提出了混凝土抗压强度与总孔隙率之间的半经验公式，其中具有代表性的四种模型见表 7-5。

表 7-5 抗压强度的代表性模型

年份	作者	公式
1949	Balshin[194]	$f_c = f_0(1-p)^A$
1953	Ryshkewitch[195]	$f_c = f_0 \exp(-C_p)$
1971	Schiller[196]	$f_c = B\ln(f_0/p)$
1985	Hasselman[197]	$f_c = f_0(1-A_p)$

注 f_0 为混凝土孔隙率为 0 时的抗压强度；p 为孔隙率；f_c 为混凝土孔隙率为 p 时的抗压强度；其余均为经验常数。

除此之外，一些学者还建立了混凝土强度与毛细孔体积的数学模型。其中，1968 年瑞典学者 Hansen[198]在 Powers 胶空比理论基础之上，近似将全部毛细孔集中到一个单位体积内，提出了混凝土强度与毛细孔体积的半经验公式：

$$f_c = f_0 (1 - 1.22 V_p^{\frac{2}{3}}) \tag{7-8}$$

上述建立的模型虽然在公式上有所不同，但是都有一致的规律，即混凝土的抗压强度与孔隙率之间成反比。这些模型的不足是认为混凝土抗压强度只与孔隙率有关。但通过对孔隙结构进行更深入的研究发现，混凝土的抗压强度不仅和孔隙率有关系，还和孔的分布和孔径有重要关联[199]。比如，当孔隙率相同时，大孔数量越多则混凝土抗压强度越低，平均孔径越小则混凝土抗压强度越高。Metha 等人[200]更是指出混凝土强度大小并不取决于孔隙率，而是由孔径及其分布决定。

1985 年 Jambor[201]首次提出了孔径分布也是影响混凝土强度的重要因素之一，并且认为影响孔隙结构的关键因素为孔形、孔径分布和总孔隙体积等。其中，孔形和孔径分布取决于水泥品种及养护条件和时间，总孔隙体积取决于拌合物用水及施工振捣方法的效率。他在分析水化反应过程中孔隙结构（孔形、孔径分布和总孔隙体积）变化的规律时，建立了混凝土强度关系数学模型，其表达式为

$$f_c = K \frac{\sqrt{p_0 - p}}{\frac{w}{c} \times p} \tag{7-9}$$

式中：p_0 为"理论"初始水化孔隙率，$p_0 = V_v + V_w$，其中 V_v 为振捣后的单位混合料含气体积，V_w 为拌合水体积；w 为水用量；c 为水泥用量；$\frac{w}{c}$ 为水灰比；p 为总孔隙率；K 为试验常数，由水泥品种、活性、养护条件、水泥单位用量以及试样种类。

该模型在一定程度上反映了孔隙结构对于混凝土抗压强度的影响，但是由于相关参数取值待商榷，因此在实际使用时存在一定的困难。

1985 年，Rößler 和 Older[202]利用 MIP 孔隙测试技术得到了在不同孔径范围的孔隙率测试结果，通过线性回归得到了在不同养护温度下的抗压强度与孔径分布的拟合关系式。其中，满足所有温度的抗压强度计算关系式为

$$f_c = 100 - 0.08 p_{<10} - 1.8 p_{10\sim100} - 1.9 p_{>100} \qquad (7\text{-}10)$$

式中：$p_{<10}$ 为孔径小于 10nm 的孔隙率；$p_{10\sim100}$ 为孔径介于 10～100nm 的孔隙率；$p_{>100}$ 为孔径大于 100nm 的孔隙率。

1987 年，Atize 等人[203]对式（7-10）中孔径范围进行了适当的修正，将以前的三级孔隙调整为四级孔隙，计算关系式为

$$f_c = f_0 - a p_{>106} - b p_{53\sim106} - c p_{10.6\sim53} - d p_{<10.6} \qquad (7\text{-}11)$$

式中：$p_{>106}$、$p_{53\sim106}$、$p_{10.6\sim53}$、$p_{<10.6}$ 为不同孔径范围的孔隙率；a、b、c、d 为常数，由回归分析计算可得。

Rößler 模型和 Atzeni 模型都是基于不同级别孔径的孔隙率进行回归分析得到的抗压强度模型，间接反映了强度与孔径分布的关系。

混凝土孔隙结构本身是复杂的、无规则的、随时间变化的，很难以准确的数学表达式进行描述。人们对混凝土孔隙结构的认知是一个不断探索的过程，从刚开始的单纯的强度与孔隙率的关系，发展为更为全面的和孔径分布相关的模型。值得注意的是，这些模型都是半理论半经验公式，在实际应用时有一定的局限性或者预测结果会出现较大的误差。

2）抗渗性与孔隙结构的关系。混凝土在不同的自然环境中可能会表现出不同的劣化规律和破坏形式。第 5 章重点分析了含有氧化石墨烯的高强轻质混凝土在氯离子侵蚀、硫酸盐侵蚀、冻融破坏和碳化四个耐久性能方面的表现。虽然各个耐久性能的破坏机理和特征有所不同，但是它们都由混凝土抗渗性决定。如果混凝土密实度较高，孔隙率较少，就会降低外界环境中的空气、水和离子的侵入。混凝土的抗渗性越高，耐久性就越好。所以，解决混凝土耐久性问题的根本在于提高混凝土的抗渗性[204]。

混凝土的抗渗性由微观结构特征决定，如混凝土的孔隙率、孔径分布、微裂缝和界面区的黏结等。一般而言，混凝土的孔隙率越大，其渗透系数越大，抗渗性越差。但是，并不是所有孔隙率高的混凝土的抗渗性就比孔隙率低的混凝土差。因为孔隙率并不是衡量混凝土抗渗性的最关键因素。混凝土抗渗性的高低取决于内部孔隙连通性和渗透通道的曲折性[205]。对于孔隙率相同的混凝土，内部连通的孔隙越多，通道越多，抗渗性越差。

  许多学者针对混凝土抗渗性与孔隙结构的定量关系进行了大量深入研究，并得到了一些半理论半经验的数学关系式。Katz-Thompson[206]提出了用于沉积岩的抗渗性预测公式，即式（7-12）。该公式由于预测性能较好，后被拓展到水泥砂浆和混凝土中应用。随着压汞法测定孔隙结构技术的普及，Christensen 等人[207]对 Katz-Thompson 模型进行改进，引入了毛细孔隙率参数以反映孔隙结构对渗透系数的影响，渗透系数计算关系式为式（7-13）。

$$k = cl_c^2 \frac{\sigma}{\sigma_0} \qquad (7\text{-}12)$$

$$k = 0.18cl_c^2(\phi - \phi_c)^2 \qquad (7\text{-}13)$$

式中：k 为混凝土渗透系数；c 为计算常系数，约为 1/266；$\frac{\sigma}{\sigma_0}$ 为试件的相对电导率；l_c 为混凝土的临界孔径；ϕ 为混凝土的毛细孔隙率；ϕ_c 为 MIP 测得的临界孔隙率。

  由式（7-12）可以看出，混凝土渗透系数由临界孔径、毛细孔隙率和临界孔隙率三个参数共同确定。研究表明，当水胶比大于 0.4 时，用该方法确定抗渗性结果很好。当水胶比较低时，混凝土中的毛细孔隙率较低，且容易被凝胶阻断，此时凝胶控制着混凝土的抗渗性，用式（7-12）计算误差较大。

  随着水化反应的进行，水化产物逐渐增加，凝胶数量增加，凝胶孔和凝胶水也随之增加，而毛细孔和毛细水会逐渐减少。但是混凝土中的水泥出于各种原因几乎不会完全被水化。因此，混凝土的水泥石中总会含有些许未水化的水泥颗粒和孔径大小不一的毛细孔，孔形各异，互相连接而任意分布在混凝土内部，示意图如图 7-4 所示[186]。这些连通的毛细孔越多，抗渗性能越差。

  根据布特模型中孔的分类方法，不同级别孔径的孔对混凝土的抗渗性作用是不同的。凝胶孔（<10nm）主要存在于水化产物中的凝胶颗粒之间，其数量主要反映了凝胶颗粒数量。凝胶孔数量越多则混凝土强度越高，抗渗性越好[208]。只有孔径大于 100nm 的孔才会对混凝土的抗渗性产生不利影响。一般情况下，毛细孔主要通过凝胶孔相互连接。当孔隙率较高时，毛细孔会形成连续的、贯通的网状结构体系，从而降低混凝土的抗渗性。而毛细孔的连通性与水胶比和水化程度有

着密切关系。Nokken[209]证实了当水胶比小于 0.7 时，混凝土中的毛细孔大多都是不连通的。

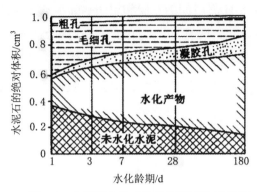

图 7-4　水泥石中各成分的体积变化示意图

3）干燥收缩与孔隙结构的关系。根据水泥石孔隙结构以及其内部含水状态的变化，水泥石干燥收缩过程可以用图 7-5 所示的典型干燥收缩曲线进行描述[210]。

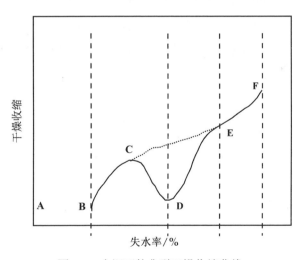

图 7-5　水泥石的典型干燥收缩曲线

从图中可见，在干燥初期（AB 段），水泥石中的大孔和毛细孔（孔径大于100nm）首先失去水分，此时虽然失水率在增大，但是不会造成干燥收缩。当大孔和毛细孔失水后，孔径较小的孔（孔径小于 100nm）发生失水，就会引起水泥石产生干燥收缩（BC 段）。但随着水分的蒸发，相对湿度进一步降低，大孔及毛细孔已经脱水，吸附水开始损失，亚微观晶体相互靠近，收缩进一步加大（CD 段）。同时托勃莫来石凝胶中的层间水也开始蒸发，水泥石收缩进一步增大（DE 段）。最后，吸附于 C-S-H 凝胶间的水膜和层间水陆续蒸发（EF 段）。

由干燥收缩过程可知，大孔和毛细孔并不会对干燥收缩产生不利影响，而过渡孔和凝胶孔会因为毛细孔张力的作用失去层间水而形成干燥收缩。因此，随着水化程度的提高，凝胶数量会增加，凝胶孔隙也会随之增加，在提高强度的同时，会引起较大的干燥收缩和徐变。另外，混凝土中水泥用量越大，形成的凝胶越多。为了控制干燥收缩，常采用以矿物细掺替代部分水泥的方式以减少产生的凝胶量。

7.2.1　试验方法

混凝土中的孔隙具有形状各异、分布不均匀和孔径变化范围大（小到不足 1nm，大到几毫米）的特征，很难有一种测试技术可以全面完整地对所有孔隙的特征参数进行测定。因此，孔隙结构测试也是目前混凝土微观结构测试技术研究的重要内容之一。关于混凝土微观孔隙结构测试常用的方法有 MIP、含气量测定法和光学法。其中，MIP 因操作方便且可以测出整个孔径范围内的孔隙结构而得到广泛推广使用。

1921 年，Washburn[211]建立了外界压力与圆柱体孔直径之间的关系式。只有在压力的作用下，汞才能挤入多孔材料的孔隙中，孔径越小，所需的压力就越大。MIP 是根据不同的施加压力下浸入混凝土等多孔材料孔隙中汞的数量来计算孔隙结构的特征参数，比如孔隙率、孔隙量、孔径和孔隙表面积等。1945 年，Ritter 和 Drake 制造了第一台压汞仪，并用其测试了多种材料的孔隙结构，最小孔隙半径达到 10nm。经过多年的升级改造，目前的压汞仪测试的最小孔径可达到 2nm。

本试验中所用的压汞仪为美国某公司制造的 AutoPore Ⅴ 9600 型全自动压汞仪，使用压力最大为 60000psi（1psi=6894.8Pa），可测孔径范围为 0.003～1100μm。测试时，将标准养护下龄期达到 28d 的每个试验组进行抗压强度测试，从每个试验组破损的试件中选取出具有代表性的块体样品（尺寸小于 1cm×1cm×1cm）进行编号送样测试。通过以下几个孔隙结构特征参数进行分析和评定。

（1）孔隙率和孔隙量。混凝土的孔隙率和孔隙量是描述混凝土内部孔隙结构和性质的两个重要参数。孔隙率是指混凝土中所有孔隙体积与总体积之比，通常以百分比表示，它表示了混凝土内部的孔隙空间占整体体积的比例。孔隙率越高，混凝土的密实性越差，强度和耐久性可能会受到影响。因为孔隙率与混凝土的密实性直接相关，所以降低孔隙率是提高混凝土性能的关键之一。孔隙量是指混凝土中所有孔隙的总体积，它表示了混凝土内部的空隙容量大小。孔隙量更直接地表达了混凝土内部的孔隙空间大小。

（2）孔径。混凝土的孔径是指混凝土内部孔隙的尺寸大小。因为混凝土中的大多数孔隙是近似球形，所以孔径常以直径来表示。混凝土的孔径大小从纳米级到毫米级不等，通常用代表性的孔径来表征孔隙结构的整体情况，主要有中值孔径、平均孔径和临界孔径。

中值孔径是指将混凝土孔隙按照大小排序后，位于中间位置的孔隙的直径。换句话说，它是将所有孔隙按照大小排列后，处于 50% 位置的孔隙的直径。中值孔径是一个用于表示孔隙尺寸分布中间值的指标。

平均孔径是指混凝土内所有孔隙的直径平均值。计算平均孔径时，将所有孔隙的直径加起来，然后除以孔隙的总数。平均孔径提供了孔隙尺寸分布的一个整体平均值，它对混凝土的渗透性能和其他性能影响较大。

临界孔径是指在混凝土孔隙分布中，具有特定意义或特殊影响的孔隙尺寸。这是一个相对概念，取决于混凝土的用途和性能需求。例如，对抗渗性能而言，临界孔径可能是一种能够允许水渗透的最大孔隙尺寸，而对于耐久性而言，临界孔径可能是能够容纳有害化学物质侵入的最小孔隙尺寸。孔的分类以及分布特征均是以临界孔径进行描述的。

（3）孔隙表面积。混凝土孔隙表面积是指混凝土内部所有孔隙的总表面积。混凝土中存在各种不同尺寸的孔隙，每个孔隙都有一定的表面积，这些表面积相加得到混凝土孔隙表面积。混凝土孔隙表面积是一个反映混凝土内部孔隙的空间分布及形态的重要性能指标，它对混凝土的吸水性、渗透性、化学反应以及各种气体和液体的传输都有影响。在孔隙率相同的情况下，孔隙表面积大则说明孔隙数量较多。较大的孔隙表面积通常会导致更高的水吸收率和更快的渗透速率。

（4）孔径分布特征。混凝土孔径分布特征是指混凝土内部孔隙尺寸的分布情况，它描述了这些孔隙在不同尺寸范围内的分布情况。将压汞法测定的孔隙按照布特的分类方法划分为四类：凝胶孔（<10nm）、过渡孔（10~100nm）、毛细孔（100~1000nm）和大孔（>1000nm）。每一类孔隙都有各自的特征和性能指标，其中大孔主要影响混凝土的强度；毛细孔主要影响混凝土的抗渗性能，对强度也有一定的影响；过渡孔主要影响混凝土的抗渗、收缩和蠕变性能，对强度有一定的影响；凝胶孔则主要影响混凝土的收缩和蠕变性能。随着水化反应的进行，其孔隙率应逐渐降低，孔隙表面积增大，孔径也会逐步细化。

7.2.2　结果分析

采用 MIP 对养护龄期为 28d 的 GO-0、GO-2、GO-4、GO-5、GO-6 和 GO-8 六个试验组进行孔隙结构测定，测得的结果列于表 7-6 中。将 MIP 测定的孔隙按照布特的分类方法分为四类：凝胶孔（<10nm）、过渡孔（10~100nm）、毛细孔（100~1000nm）和大孔（>1000nm）。各试验组的孔径分布微分曲线图和每类孔隙的孔隙量柱状图分别如图 7-6、图 7-7 所示。

表 7-6　各试验组的孔隙结构参数

编号	孔隙率 /%	总孔隙量 /（mL/g）	总孔隙表面积 /（m²/g）	中值孔径（面积） /nm	平均孔径 /nm
GO-0	24.9	0.1316	9.417	15.8	55.9
GO-2	20.3	0.1243	10.762	9.0	46.2
GO-4	17.4	0.1017	13.470	7.1	30.2
GO-5	16.9	0.0829	14.870	6.6	22.3
GO-6	17.6	0.0958	14.037	6.9	27.3
GO-8	18.8	0.1149	12.592	8.2	36.5

由表 7-6 可知，试验组 GO-0 的孔隙率和孔隙量高于其他试验组（GO-2、GO-4、GO-5、GO-6 和 GO-8），说明氧化石墨烯可以降低混凝土内部的孔隙量。随着氧化石墨烯添加量的增加，孔隙率和孔隙量均呈现出先减小后增大的趋势。添加了

氧化石墨烯的试件的孔隙量相比基准试验组的孔隙量降低了 5.5%～37.0%。当氧化石墨烯含量为 0.05%时，孔隙量和孔隙率达到最小值。中值孔径和平均孔径都有与孔隙率一致的规律。随着氧化石墨烯添加量的增加，总孔隙表面积呈现出先增大后减小的趋势，说明氧化石墨烯可以在一定程度上增加孔径较小的孔隙数量，从而增大了总孔隙表面积。

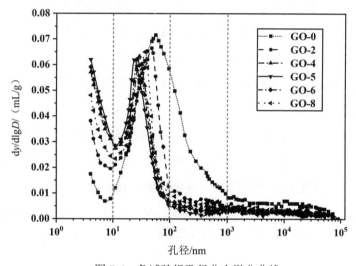

图 7-6　各试验组孔径分布微分曲线

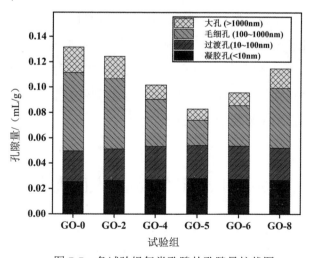

图 7-7　各试验组每类孔隙的孔隙量柱状图

由孔径分布微分曲线图 7-6 可见，每个试验组的孔径分布微分曲线具有类似的规律，均存在两个峰值。峰值对应的孔径为最可几孔径。第一个峰值位于小于10nm 的孔径范围内，即为凝胶孔。第二个峰值位于 10～100nm 的孔径范围内，即为过渡孔。随着氧化石墨烯添加量的增加，孔径分布微分曲线形态并没有太大的变化，但两个峰值的孔径均呈现先减小后增大的趋势，这也说明了氧化石墨烯的添加可以细化孔隙。另外，结合图 7-7，从各个类别的孔数量来看，试验组 GO-0 的大孔和毛细孔数量高于其他试验组，而过渡孔和凝胶孔数量却低于其他试验组，这说明了氧化石墨烯不仅可以降低大孔和毛细孔的数量，还可以增加过渡孔和凝胶孔的数量。随着氧化石墨烯添加量的增加，这种规律先被强化，达到最优后被减弱。

目前关于氧化石墨烯引起孔隙结构变化的原因并没有形成统一的观点，可能原因有两种：一种认为氧化石墨烯作为纳米尺度的颗粒可以填充孔隙从而减小孔隙率；另一种认为氧化石墨烯能够加速水化反应，形成更多的水化产物填充孔隙。当添加量过高时，氧化石墨烯可能会因为无法完全溶解而发生团聚现象，导致氧化石墨烯无法均匀分散在混凝土中。氧化石墨烯的聚集可能导致混凝土内部出现一些空隙，从而增加混凝土的孔隙量。

除此之外，这也证实了高强轻质混凝土宏观性能与微观孔隙结构之间是相互制约、相互联系的。添加氧化石墨烯引起高强轻质混凝土孔隙结构的变化，与力学性能、耐久性能和干燥收缩性能的变化是一致的。添加氧化石墨烯使混凝土内部的大孔和毛细孔数量降低，过渡孔和凝胶孔数量增加。大孔和毛细孔数量减少，混凝土的渗透性能增强，耐久性能也随之增强；过渡孔和凝胶孔数量增加，混凝土的力学性能增强，但干燥收缩也会增大。

7.3 氧化石墨烯对高强轻质混凝土微观形貌的影响

水化反应是一个持续进行的过程，而且会随着时间的推移而发生，直到水泥中的化合物完全水化或反应达到平衡。在这个过程产生的水化产物，C-S-H 所占比例最大，它是水泥石强度的最主要来源，其组成和结构复杂。研究表明，C-S-H凝胶在水化过程中其化学组成不是恒定不变的，而是随多种因素变化而变化，主要特点有：

（1）C-S-H凝胶因存在大量的凝胶孔使其具有较大的比表面积。

（2）C-S-H凝胶是成分不定的化合物，其组成受水化时间、反应温度和pH值等因素影响。

（3）C-S-H凝胶多属于无定形状态，其结构具有多样性[212]。人们对C-S-H凝胶的组成、结构和形貌等特征进行了大量的研究和探讨，得到了一些一致的观点[213]。C-S-H凝胶虽然是无定形状态，但是并不是全部的无定形。Taylor[214]通过XRD测试提出了可以采用结构模型对其进行模拟。试验结果表明，C-S-H凝胶在低角度位置出现了明显的衍射峰，其具有明显的层状结构。Dimond[215]利用SEM技术观察C-S-H凝胶的形貌，根据得到的凝胶形貌和尺寸，C-S-H凝胶形貌可以分为纤维状、网络状、扁平状和绉状四种类型。吕生华等人[216]观察到了水泥砂浆水化产物的形貌特征。SEM结果显示，C-S-H、CH、AFt和AFm的形貌主要为针状、棒状、片状和纤维状。除此之外，晶体之间还存在着大量不规则的空洞和孔隙，这是各类晶体杂乱无序交织镶嵌在凝胶中导致的结果。

氧化石墨烯改善水泥基材料宏观性能的根源在于对微观晶体形貌的调控。氧化石墨烯是一种具有二维结构的典型纳米材料，近几年关于氧化石墨烯从微观角度对水泥砂浆和普通混凝土晶体形貌进行调控以增强增韧的报道越来越多，这充分说明了氧化石墨烯在混凝土行业有广泛的应用前景。实际上，氧化石墨烯在水化反应过程中并不能合成新的化合物，它主要是作为水泥水化晶体生长的模板，氧化石墨烯特有的含氧官能团作为水化产物生长点，从而将原有含有孔且杂乱无序的晶体形貌调控成规则、整齐、密实的花瓣状或者多面体状的形貌[217]。一些文献报道，氧化石墨烯具有的褶皱状的超大表面积，在水化反应中它能起到促进晶粒的形成和改善晶体形状等作用，从而促使水泥石形成具有韧性的晶体网格，以达到增韧的目的[218]。

7.3.1　试验方法

目前，对水泥基材料进行微观形貌测试最常用的方法为 SEM 测试。SEM 在混凝土研究中扮演着重要的角色，它为深入了解混凝土的微观结构、性能和耐久性提供了有力的手段，并在混凝土材料科学和工程中发挥着关键的作用。SEM 是一种高分辨率的显微镜，利用电子束与被测试物质之间的相互作用来获取高质量的微观形貌图像。SEM 原理主要涉及电子束的产生、聚焦和扫描，以及与样本交互产生信号的过程。SEM 不仅可用于观察混凝土内部成分和结构的形貌特征，比如水化产物、骨料、界面过渡区、孔隙和裂缝等，还可用于通过追踪晶体结构形貌变化和孔隙发展以评估混凝土在硬化过程中的微观特性和宏观性能变化。

该试验中所用的 SEM 为用美国某公司的场发射 SEM（thermo scientific Apreo 2C），最大放大倍数为 20 万倍。测试时，待试件养护至相应的试验龄期，从抗压强度测试后的每个试验组试件中选出具有代表性的薄块体样品（尺寸小于 1cm× 1cm×0.5cm）进行编号送样。测试时，需先将试样用导电胶粘于样平台进行喷金处理以增强导电性。

7.3.2　结果分析

（1）不含氧化石墨烯的高强轻质混凝土在 28d 龄期时的微观形貌特征。图 7-8 为不含氧化石墨烯的高强轻质混凝土（试验组 GO-0）在 28d 龄期时的微观形貌。从图中可以看出，在没有添加氧化石墨烯时，高强轻质混凝土水化产物微观形貌多为无定形状态 [图 7-8（a）]、针片状 [图 7-8（b）]、棒状 [图 7-8（c）] 和片状 [图 7-8（d）]，它们均是水化产物 C-S-H、CH、AFt 和 AFm 的常见形式。这些水化产物的晶体结构虽然形貌各异，杂乱无序，但是在水化过程会形成一定的层状结构。这种层状结构是由各类石晶体之间的晶体交联和相互生长形成的，会赋予混凝土一定的力学性能和稳定性。晶体之间还存在着大量不规则的空洞和孔隙，这不利于混凝土获得优异的力学和耐久性能。

(a)

(b)

(c)

(d)

图 7-8 试验组 GO-0 在 28d 龄期时的型微观形貌

（2）不同含量氧化石墨烯的高强轻质混凝土在 28d 龄期时的微观形貌特征。图 7-9 展示了氧化石墨烯含量分别为 0.0%［图 7-9（a）］、0.02%［图 7-9（b）］、0.04%［图 7-9（c）］、0.05%［图 7-9（d）］、0.06%［图 7-9（e）］和 0.08%［图 7-9（f）］的高强轻质混凝土在 28d 龄期时的微观形貌。从图中可以看出，不含氧化石墨烯的高强轻质混凝土（试验组 GO-0）中形成的水化产物为杂乱无序的无定形体，且存在着大量不规则的孔隙。而添加了氧化石墨烯的高强轻质混凝土（试验组 GO-2、GO-4、GO-5、GO-6 和 GO-8）的密实性相比 GO-0 得到了大幅提升，这得益于氧化石墨烯具有的纳米尺寸和较大的比表面积。另外，在添加了氧化石墨烯的高强轻质混凝土中均能看到在空洞中或者在密实区不均匀地生长着许多类似于花瓣状的多面体［图 7-9（b）、（c）、（d）、（e）、（f）］。氧化石墨烯能够作为"晶核"为水化产物提供生长点，诱导水化产物形成更多晶体，并且氧化石墨烯特有的二维网状结构为晶体形成规则的微观形貌提供了有效的模板。实际上，混凝土中加入氧化石墨烯并不能生成新的水化产物或者晶体，它只是将原有无定形状态或者传统的晶体形式进行重组形成更有序、更规则的某种晶体形貌[219]。

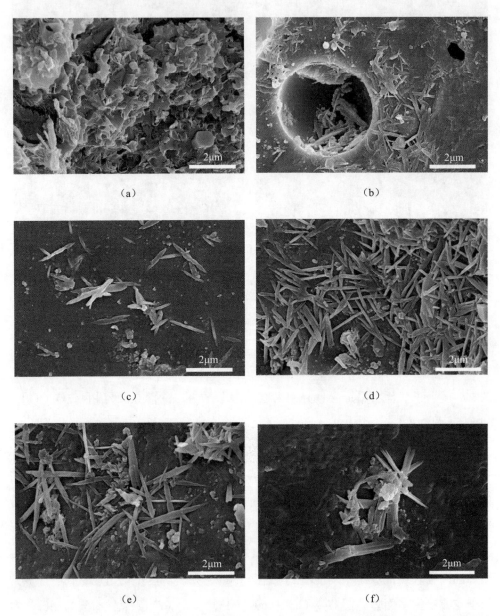

（a）   （b）

（c）   （d）

（e）   （f）

图 7-9　试验组 GO-0、GO-2、GO-4、GO-5、GO-6 和 GO-8 在 28d 龄期时的典型微观形貌

从图 7-9（b）至（f）中可以看出，随着氧化石墨烯含量的增加，花瓣晶体的数量和成熟度都有一定的规律。当氧化石墨烯添加量不超过 0.05%时，花瓣状晶体数量呈现增加趋势，这是因为更多的氧化石墨烯能为水泥水化产物提供生长点，诱导晶体形成。另外，花瓣的尺寸越来越大，晶体生长显得更为成熟，晶体之间交织更为紧密，这说明了氧化石墨烯还能促进晶体的快速生长。当氧化石墨烯添加量超过 0.05%时，过多的氧化石墨烯会造成团聚现象，降低了其在水泥中的分散性，性能提升作用反而减弱。所以，从晶体生长和微观形貌的角度考虑，在高强轻质混凝土中的氧化石墨烯最优添加量为 0.05%。

（3）最佳含量氧化石墨烯的高强轻质混凝土在不同龄期的微观形貌特征。图 7-10 为氧化石墨烯含量 0.05%的高强轻质混凝土（GO-5）在养护龄期为 3d、7d、14d 和 28d 时的典型微观形貌，它主要展示了氧化石墨烯最优添加量的高强轻质混凝土花瓣状结晶体的生长过程。图 7-10（a）的微观形貌类似于刚发芽的晶核。晶核是晶体的生长中心，氧化石墨烯在养护龄期为 3d 时为水化产物提供了晶体生长的晶核，将水化产物非晶态物质转变为晶体，多面体形式的晶体逐渐成形。由于氧化石墨烯作为活性剂可以有效降低水泥水化反应的界面能量，从而提高了水化反应的速度，增加了水泥水化程度。从图 7-10（b）和图 7-10（c）中可以看到，多面体的晶体继续生长并逐渐增多形成簇状花瓣。从图 7-10（d）中可以看出，当养护龄期为 28d 时，花瓣数量不仅逐渐增多，而且尺寸变大显得更加成熟。微观结果决定宏观性能，晶体花瓣数量的增加和成熟正是宏观性能得以显著提升的根本原因。

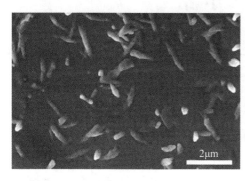

(a) (b)

图 7-10（一）　试验组 GO-5 在养护龄期为 3d、7d、14d 和 28d 时的典型微观形貌

（c）　　　　　　　　　　　　　　　　　（d）

图 7-10（二）　试验组 GO-5 在养护龄期为 3d、7d、14d 和 28d 时的典型微观形貌

综上所述，氧化石墨烯不仅可以增加水泥水化过程中晶体的数量，还可以提升水化产物的结晶度。但是，混凝土的水化产物受原材料、配合比和养护方法等多因素影响，从而导致产生的晶体形状可能有所不同。所以，本书研究得到的晶体形貌不具有普遍性。文献[56]将含量 0.01%的氧化石墨烯添加到超高强混凝土中，明显地观察到大量有序的花状和纤维状的晶体形貌。文献[202]较为深入地研究了氧化石墨烯对水化晶体的数量、大小和生长方式的影响，氧化石墨烯可将水化晶体形貌重新排列组装成为长纤维状、菜花状、片状和多面体状。相关文献资料表明，目前氧化石墨烯对晶体微观形貌的调整和重组作用并没有统一的结果，也没有得到一致的观点，是值得探讨的热点问题。

7.4　本章小结

本章阐述了氧化石墨烯对水化产物影响的研究现状，总结了混凝土内部孔隙结构变化和水化产物形成的相关理论，在此基础上，重点分析了不同含量氧化石墨烯高强轻质混凝土的孔隙结构特征（孔隙率、表面积、孔径分布等）和水化产物晶体形貌，得到的结论如下。

（1）通过 MIP 测试不同含量氧化石墨烯高强轻质混凝土的孔隙结构得知，添加了氧化石墨烯的试件的孔隙量相比基准试验组的孔隙量降低了 5.5%～37.0%。随着氧化石墨烯添加量的增加，中值孔径和平均孔径呈现先减小后增大的趋势，总孔隙表面积呈现先增大后减小的趋势，说明氧化石墨烯可以在一定程度上增加孔径较小的孔隙数量，从而增大了总孔隙表面积。从孔径分布特征看，添加氧化石墨烯不仅可以填补孔隙，而且可以细化孔隙，从而降低了大孔和毛细孔的数量，增加了过渡孔和凝胶孔的数量。随着氧化石墨烯添加量的增加，这种规律先被强化，达到最优后被减弱。

（2）通过 SEM 观察不同含量氧化石墨烯高强轻质混凝土的微观形貌得知，氧化石墨烯能够作为"晶核"为水化产物提供生长点，诱导水化产物形成更多晶体，并且氧化石墨烯特有的二维网状结构为晶体形成规则的微观形貌提供了有效的模板，将原有无定形状态或者传统的晶体形貌进行重组形成更有序、更规则的花状晶体形貌。随着氧化石墨烯添加量的增加，花状晶体数量和成熟度呈现先增强后减弱趋势。另外，随着养护龄期的增长，花状晶体由刚发芽的晶核逐渐生长成多面体的晶体，当龄期为 28d 时，已经生长为成熟的簇状花瓣晶体。

（3）微观结构决定宏观性能。通过 MIP 和 SEM 的实验结果得知，孔隙结构和晶体形貌的特征正是宏观性能变化的根本原因。大孔和毛细孔数量减少，混凝土的渗透性能增强，耐久性能也随之增强；过渡孔和凝胶孔数量增加，混凝土的力学性能增强，但干燥收缩也会增大。晶体形貌的变化体现了水化反应的速度和强度的变化。

第 8 章　结论与展望

8.1　结　论

本书以陶粒和陶砂为粗细骨料配制了高强轻质混凝土，重点分析了不同添加量的氧化石墨烯对高强轻质混凝土工作性能、力学性能、耐久性能和干燥收缩性能等宏观性能的影响，并结合 MIP 和 SEM 测试结果，较为全面地分析了氧化石墨烯对高强轻质混凝土的孔隙结构和微观形貌的影响。首先，本书在配制了等级为 LC60 高强轻质混凝土作为基准混凝土试验组的基础之上，共设计了氧化石墨烯含量范围为 0.0%～0.08% 的六个试验对照组，根据氧化石墨烯的分散和团聚特性，研究了以减水剂为活性剂的氧化石墨烯分散液制备工艺，对比了不同含量氧化石墨烯的分散效果，设计了相应的混凝土拌合物制备工艺。其次，通过坍落度试验、抗压强度试验、抗折强度试验、劈裂抗拉强度试验、抗压弹性模量试验、抗氯离子渗透试验、抗硫酸盐侵蚀试验、抗冻试验、抗碳化试验、干燥收缩试验，从工作性能、力学性能、耐久性能和干燥收缩性能方面研究了不同添加量氧化石墨烯对高强轻质混凝土的影响。然后，重点对比分析了常见的干燥收缩预测模型对于高强轻质混凝土干燥收缩预测的适用性，并提出了含有氧化石墨烯含量影响系数的 ACI 209（1992）修正模型，实现了对于氧化石墨烯添加量小于 0.05% 的高强轻质混凝土干燥收缩的准确预测。最后，重点分析了不同含量氧化石墨烯高强轻质混凝土的孔隙结构参数变化和水化产物晶体形貌变化，从微观机理角度分析了高强轻质混凝土的宏观性能变化的原因。通过本书的研究得到的相关结论如下。

（1）本书配制的混凝土的是一种密度为 1696～1728kg/m^3、抗压强度为 61.9～74.3MPa 的高强轻质混凝土。因为加入的氧化石墨烯量较小，故高强轻质混凝土试件的质量并没有显著变化。另外，氧化石墨烯具有较大的比表面积和一定的吸水性，从而使混凝土变得黏稠，坍落度虽有所降低，但仍属于可以接受的范围。添加氧化石墨烯可以增加拌合物的黏度，拌合物无明显的泌水现象。

（2）因为氧化石墨烯一方面可以减小混凝土内部孔隙率使其变得更密实，另一方面又可以重组水化晶体使其成为有序的花状结晶体，从而提高了高强轻质混凝土的力学性能。随着氧化石墨烯添加量的增加，高强轻质混凝土的抗压强度、抗折强度、劈裂抗拉强度和抗压弹性模量均呈现先增大后减小的趋势。当氧化石墨烯添加量为 0.05%时，力学性能达到最优。此时，抗压强度、抗折强度、劈裂抗拉强度和抗压弹性模量分别增长了 20.1%、34.3%、24.4%和 16.6%。

（3）氧化石墨烯可以显著提高高强轻质混凝土的折压比和拉压比等参数，对比分析目前常用的关于抗折强度、劈裂抗拉强度和抗压弹性模量的经验公式的适用性和预测精度。

（4）氧化石墨烯不仅可以减少孔隙率，还可以细化孔隙，从而显著改善混凝土的渗透性能。耐久性能试验结果表明，添加低剂量的氧化石墨烯能使氯离子迁移系数减少 20.8%～43.1%。在 150 次干湿循环后所有试验组的形状和尺寸完好，外观整体性能良好，添加低剂量的氧化石墨烯能使抗压强度耐蚀系数增加 3.4%～12.7%。在 250 次冻融循环后各个试验组出现了不同程度的剥落和蜂窝麻面现象，添加了氧化石墨烯可以使高强轻质混凝土的质量损失率降低至 1.13%～2.24%，相对动弹性模量增长至 96.2%～98.4%；当碳化龄期为 56d 时，添加低剂量的氧化石墨烯能使碳化深度减少 4.9%～21.0%。随着氧化石墨烯添加量的增加，混凝土试件的耐久性能均呈现先增强后减弱的趋势。当氧化石墨烯添加量为 0.05%时，耐久性能达到最优。

（5）添加氧化石墨烯会加速水化反应，产生更多的水化产物，从而形成更多的过渡孔和凝胶孔，对干燥收缩产生负面影响。随着龄期的增长，所有试验组的干燥收缩率呈现递增的趋势。但增长速率逐渐减缓，最后趋于平稳。添加氧化石墨烯使高强轻质混凝土的干燥收缩率增长了 3.4%～8.6%。随着氧化石墨烯添加量的增加，同一试验龄期下的混凝土试件的干燥收缩均呈现先增大后减小的趋势。

（6）基于基准混凝土试验组的干燥收缩试验数据，对比分析了 CABR 模型、CEB-FIP（1990）模型、ACI 209（1992）模型、B3 模型、GL2000 模型和 SAKATA

模型的预测精度。模拟结果表明，ACI 209（1992）模型预测精度最高，B3 模型、SAKATA 模型和 GL2000 模型次之，CABR 模型、CEB-FIP（1990）模型最差。

（7）针对 ACI 209（1992）模型预测不同氧化石墨烯添加量的高强轻质混凝土干燥收缩会出现与试验结果不符的现象，在保留现有的 ACI 209（1992）模型特点基础之上，引入氧化石墨烯含量影响系数对其进行修正。数值模拟结果表明，ACI 209（1992）修正模型不仅对不同氧化石墨烯含量的高强轻质混凝土的干燥收缩预测有更高的精度，也为该类型混凝土干燥收缩预测提供了一种思路和方法。

（8）MIP 试验结果表明，氧化石墨烯使高强轻质混凝土孔隙量降低了 5.5%～37.0%。随着氧化石墨烯添加量的增加，中值孔径和平均孔径呈现先减小后增大的趋势，总孔隙表面积呈现先增大后减小的趋势，说明氧化石墨烯可以在一定程度上增加孔径较小的孔隙数量，从而增大了总孔隙表面积。从孔径分布特征来看，添加氧化石墨烯不仅可以填补孔隙，而且可以细化孔隙，从而降低了大孔和毛细孔的数量，增加了过渡孔和凝胶孔的数量。随着氧化石墨烯添加量的增加，这种规律先被强化，达到最优后被减弱。当氧化石墨烯添加量为 0.05% 时，孔隙结构特征最优。

（9）SEM 试验结果表明，氧化石墨烯能够将原有无定形状态或者传统的晶体形貌进行重组形成更有序、更规则的花状晶体形貌。随着氧化石墨烯添加量的增加，花状晶体数量和成熟度呈现先提升后减弱的趋势。另外，随着养护龄期的增长，花状晶体由刚发芽的晶核逐渐生长成多面体的晶体，最后形成成熟的簇状花瓣晶体。

8.2 展　　望

由于氧化石墨烯特有的二维纳米结构，低剂量的氧化石墨烯不仅可以显著改善混凝土的力学性能和耐久性，还可以延长混凝土的使用寿命和实现可持续发展。先进的纳米材料与传统的水泥基材料的碰撞必然会为复合混凝土材料发展带来新的生机。但是，氧化石墨烯在混凝土中的运用仍处于初期探索阶段，研究内容不够全面，研究方法有待提高，许多增强机制仍需进一步的研究和试验验证，以确保其在实际工程中的可行性、稳定性和经济性。因此，仍需要针对以下几个方面进行完善和研究。

（1）本书在查阅相关文献的基础之上，以聚羧酸减水剂作为活性剂，采用超声振动分散的工艺制备氧化石墨烯分散液。本书中并没有对选择的活性剂进行横向对比以获得更好的分散效果。因此，在以后的研究中，应该更为深入全面地研究氧化石墨烯的分散效果以最大限度地实现性能提升。

（2）本书中进行试验配合比设计时只考虑了 LC60 高强轻质混凝土，且只设置了氧化石墨烯含量这一单因素变化指标，目的在于系统地分析氧化石墨烯对高强轻质混凝土的影响。而对氧化石墨烯在不同水灰比和其他等级的高强轻质混凝土时的改善效果没有进行试验和讨论。因此，在后续的研究中应大量开展相关的试验，以挖掘氧化石墨烯在高强轻质混凝土中应用存在的共性和个性。

（3）混凝土在自然环境中使用时可能同时受到多种不利因素交替影响，氧化石墨烯对耐久性能的改善效果在实际使用过程中并没有达到单一因素影响的理想效果。因此，关于氧化石墨烯高强轻质混凝土在盐冻、盐碱、高寒等复杂环境下的耐久性有待进一步研究。

（4）高强轻质混凝土结构的工程实践行为能为高强轻质混凝土材料的应用提供指导。结构中材料的应用情况和性能表现可以反馈到材料的研究中。因此，在后续的研究中可以尝试开展氧化石墨烯高强轻质混凝土梁、柱等结构的力学行为研究。只有在材料与结构的综合研究中，才能实现混凝土材料和结构性能的最优化，进一步提高混凝土结构的质量和耐久性，满足不断变化的工程需求。

（5）目前，氧化石墨烯高强轻质混凝土的实际工程应用几乎没有，一方面是缺少相关的规范或者技术规程作为行业指导，另一方面受制于氧化石墨烯高昂的价格。因此，制定相应的行业规范或者规程、升级优化氧化石墨烯制备工艺，是氧化石墨烯实现建筑工程应用必须解决的问题。

未来的研究和发展将需要针对这些挑战进行更深入的探索，以充分发掘氧化石墨烯在混凝土中的潜在优势，并实现其在实际工程中的应用。随着市场需求和宏观政策的不断推动、氧化石墨烯制备工艺的不断成熟，氧化石墨烯在混凝土领域的应用前景必将变得更加广阔。

参 考 文 献

[1] 胡曙光，王发洲. 轻集料混凝土[M]. 北京：化学工业出版社，2006.

[2] 韩宁. 高强轻骨料混凝土在多层建筑结构中的设计应用研究[D]. 鞍山：辽宁科技大学，2014.

[3] 张聪，曹明莉，许玲. 混凝土多尺度特征与多尺度纤维增强理论研究进展[J]. 混凝土与水泥制品，2014（3）：44-48.

[4] 孙雪伟，张万磊，仲建军，等. 钢纤维增强混凝土性能及微观结构研究[J]. 路基工程，2023（2）：85-89.

[5] HASSANPOUR M, SHAFIGH P, MAHMUD H B. Mechanical properties of structural lightweight aggregate concrete containing low volume steel fiber[J]. Arabian Journal for Science & Engineering, 2014, 39: 3579-3590.

[6] 刘波. 聚丙烯纤维混凝土力学性能研究[D]. 聊城：聊城大学，2022.

[7] 唐秀明. 聚丙烯纤维在高性能混凝土中的应用[J]. 公路交通科技（应用技术版），2009，5（6）：77-79.

[8] ALHOZAIMY A M, SOROUSHIAN P, MIRZA F. Mechanical properties of polypropylene fiber reinforced concrete and the effects of pozzolanic materials[J]. Cement & Concrete Composites, 1996, 18(2): 85-92.

[9] 位建强. 碳酸钙晶须增强水泥基复合材料的基础研究[D]. 大连：大连理工大学，2011.

[10] 金光淋，殷浚哲，于洋，等. 碳酸钙晶须掺量对水泥砂浆力学性能的影响研究[J]. 建筑结构，2020，50（S1）：832-836.

[11] 蒋晓菲. 石墨烯纳米片/氧化石墨烯增强水泥基复合材料水化作用及力学性能研究[D]. 镇江：江苏大学，2020.

[12] MEHTA P K. Concrete: microstructure, properties, and materials[J].

Preticehall International, 2006, 13(4)：499-499.

[13] 周州. 用粉煤灰制备轻质高强混凝土的试验研究[D]. 西安：西安建筑科技大学，2018.

[14] 周敏. 高岭土尾矿-煤矸石-粉煤灰烧成陶粒配制轻质高强混凝土的试验研究[J]. 新型建筑材料，2014，41（9）：67-69，86.

[15] 仇心金. 利用粉煤灰、污泥、淤泥生产超轻和高强陶粒的试验研究[J]. 粉煤灰，2009，21（3）：40-41.

[16] 郭玉娟，丛宇婷，孙剑飞，等. 轻质高强浮石混凝土抗压强度试验研究[J]. 水利科技与经济，2021，27（5）：105-110.

[17] CHAI L J, SHAFIGH P, MAHMUD H B. Production of high-strength lightweight concrete using waste lightweight oil-palm-boiler-clinker and limestone powder[J]. European Journal of Environmental & Civil Engineering, 2017: 1-20.

[18] SAJEDI F, SHAFIGH P. High-strength lightweight concrete using leca, silica fume, and limestone[J]. Arabian Journal for Science & Engineering, 2012, 37(7): 1885-1893.

[19] TANDIROGLU A. Temperature-dependent thermal conductivity of high strength lightweight raw perlite aggregate concrete[J]. International Journal of Thermophysics, 2010, 31(6), 1195–1211.

[20] 李显宇. 21 世纪初期水泥混凝土的发展趋势[J]. 建筑节能，2007（11）：38-41.

[21] 瞿国铭. 1600 级 LC30 全轻混凝土的研究与应用[J]. 绿色建筑，2021，13（4）：146-147，151.

[22] 喻骁. 高强页岩陶粒制备及其混凝土性能研究[D]. 重庆：重庆大学，2004.

[23] 刘冬学. 高强硼泥页岩陶粒的研制[J]. 混凝土，2016（4）：94-95，102.

[24] 范锦忠. 利用污泥生产节能型人造轻骨料——陶粒[A]. 中国硅酸盐学会房建材料分会. 固体废弃物在城镇房屋建筑材料的应用研究——中

国硅酸盐学会房建材料分会 2006 年学术年会论文集[C]. 中国硅酸盐学会房建材料分会：中国硅酸盐学会，2006：7.

[25] 毛锡双. 超轻页岩陶粒的制备及焙烧机理研究[D]. 南宁：广西大学，2006.

[26] 郑秀华，张宝生. 页岩陶粒预湿处理对轻集料混凝土的强度和抗冻性的影响[J]. 硅酸盐学报，2005（6）：758-762.

[27] YANG W J, YANG Y D, YANG Y. Experimental Study on Frost Resistance of the Shale Ceramsite Concrete[J]. Applied Mechanics & Materials, 2011, 117-119: 1754-1758.

[28] WU X, WANG S, YANG J, et al. Mechanical properties and dynamic constitutive relation of lightweight shale ceramsite concrete[J]. European Journal of Environmental and Civil Engineering, 2020: 1-15.

[29] HOU S, LI F, TANG H, et al. Investigations on the Performance of Shotcrete Using Artificial Lightweight Shale Ceramsite as Coarse Aggregate[J]. Materials, 2022, 15(10): 3528.

[30] 王宝民. 纳米 SiO_2 高性能混凝土性能及机理研究[D]. 大连：大连理工大学，2009.

[31] 牛荻涛，何嘉琦，傅强，等. 碳纳米管对水泥基材料微观结构及耐久性能的影响[J]. 硅酸盐学报，2020，48（5）：705-717.

[32] 杜涛. 氧化石墨烯水泥基复合材料性能研究[D]. 哈尔滨：哈尔滨工业大学，2014.

[33] BAI R G, MUTHOOSAMY K, MANICKAM S, et al. Graphene-based 3D scaffolds in tissue engineering: fabrication, applications, and future scope in liver tissue engineering[J]. International Journal of Nanomedicine, 2019, 14: 5753-5783.

[34] BRODIE B C. Sur le poids atomique du graphite [J]. Ann. Chim. Phys. , 1860, 59: 466-472.

[35] STAUDENMAIER L. Verfahren zur darstellung der graphitsaure [J]. Ber.

Deut. Chem. Ges. , 1898, 31: 1481-1487.

[36] HUMMERS W S, OFFEMAN R E. Preparation of graphitic oxide [J]. Journal of the American Chemical Society, 1958, 80(6).

[37] KOVTYUKHOVA N I, OLLIVIER P J, MARTIN B R. Layer-by-layer assembly of ultrathin composite films from micron-sized graphite oxide sheets and ploycations [J]. Chem. Mater. , 1999, 11: 771-778.

[38] 景国建. 石墨烯改性水泥基材料的制备与性能研究[D]. 济南：济南大学，2021.

[39] WANG B, ZHAO R. Effect of graphene nano-sheets on the chloride penetration and microstructure of the cement based composite[J]. Construction and Building Materials, 2017: S0950061817324996.

[40] ZHAO L, GUO X, GE C, et al. Investigation of the effectiveness of PC@GO on the reinforcement for cement composites[J]. Construction & Building Materials, 2016, 113(jun. 15): 470-478.

[41] 杜涛. 氧化石墨烯水泥基复合材料性能研究[D]. 哈尔滨：哈尔滨工业大学，2014.

[42] MENG W, KHAYAT K H. Mechanical properties of ultra-high-performance concrete enhanced with graphite nanoplatelets and carbon nanofibers[J]. Composites Part B Engineering, 2016, 107: 113-122.

[43] LV S, LIU J, SUN T, et al. Effect of GO nanosheets on shapes of cement hydration crystals and their formation process[J]. Construction & Building Materials, 2014, 64: 231-239.

[44] PAN Z, HE L, QIU L, et al. Mechanical properties and microstructure of a graphene oxide-cement composite[J]. Cement & Concrete Composites, 2015, 58: 140-147.

[45] 邓丽娟. 氧化石墨烯基对水泥基材料微观形貌的影响[D]. 西安：陕西科技大学，2017.

[46] LV S, MA Y, QIU C, et al. Regulation of GO on cement hydration crystals

and its toughening effect[J]. Magazine of Concrete Research, 2013, 65(19-20): 1246-1254.

[47] A Q W, A J W, B C X L, et al. Rheological behavior of fresh cement pastes with a graphene oxide additive - ScienceDirect[J]. New Carbon Materials, 2016, 31(6): 574-584.

[48] LI W. Competitive profit maximization in social networks[J]. Theoretical Computer Science, 2017, 694: 1-9.

[49] JINWOO A, MATTHEW M I, WONSEOK C, et al. Feasibility of using graphene oxide nanoflake (GONF) as additive of cement composite[J]. Applied Sciences, 2018, 8(3): 419.

[50] ZHAO L, GUO X, GE C, et al. Mechanical behavior and toughening mechanism of polycarboxylate superplasticizer modified graphene oxide reinforced cement composites[J]. Composites Part B Engineering, 2017, 113(MAR.): 308-316.

[51] KANG D, SEO K S, LEE HY, et al. Experimental study on mechanical strength of GO-cement composites[J]. Construction and Building Materials, 2017, 131: 303-308.

[52] LONG W J, WEI J J, MA HY, et al. Dynamic Mechanical Properties and Microstructure of Graphene Oxide Nanosheets Reinforced Cement Composites[J]. Nanomaterials, 2017, 7(12): 407.

[53] LIU L, DONG O. Properties of Cement Mortar and Ultra-High Strength Concrete Incorporating Graphene Oxide Nanosheets[J]. Nanomaterials, 2017, 7(7): 187.

[54] MOKHTAR M M, ABO-EL-ENEIN S A, HASSAAN M Y, et al. Mechanical performance, pore structure and micro-structural characteristics of graphene oxide nano platelets reinforced cement[J]. Construction & Building Materials, 2017(138): 333-339.

[55] WU Y Y, QUE L, CUI Z, et al. Physical Properties of Concrete Containing

Graphene Oxide Nanosheets[J]. Materials, 2019, 12(10): 1707.

[56] LU L, OUYANG D. Properties of Cement Mortar and Ultra-High Strength Concrete Incorporating Graphene Oxide Nanosheets[J]. Nanomaterials. 2017, 7(7): 187.

[57] WU Y Y, ZHANG J, LIU C, et al. Effect of Graphene Oxide Nanosheets on Physical Properties of Ultra-High-Performance Concrete with High Volume Supplementary Cementitious Materials[J]. Materials, 2020, 13(8): 1929.

[58] SOMASRI M, KUMAR B N. Graphene oxide as Nano material in high strength self-compacting concrete[J]. Materials Today: Proceedings, 2021, 43(1): 2280-2289.

[59] CHEN Z, XU Y, HUA J, et al. Modeling shrinkage and creep for concrete with graphene oxide nanosheets[J]. Materials, 2019, 12(19): 3153.

[60] MOHAMMED A, SANJAYAN J G, NAZARI A, et al. The role of graphene oxide in limited long-term carbonation of cement-based matrix[J]. Construction and Building Materials, 2018, 168: 858-866.

[61] XU Y, FAN Y. Effects of graphene oxide dispersion on salt-freezing resistance of concrete[J]. Advances in Materials Science and Engineering, 2020: 1-9.

[62] YU L, WU R. Using graphene oxide to improve the properties of ultra-high-performance concrete with fine recycled aggregate[J]. Construction and Building Materials, 2020, 259: 120657.

[63] ZENG H, LAI Y, QU S, et al. Effect of graphene oxide on permeability of cement materials: An experimental and theoretical perspective[J]. Journal of Building Engineering, 2021(41): 102326.

[64] 吴建华. 高强高性能大掺量粉煤灰混凝土研究[D]. 重庆：重庆大学，2005.

[65] WOJTONISZAK M, CHEN X, KALENCZUK R J, et al. Synthesis, dispersion, and cytocompatibility of graphene oxide and reduced graphene oxide[J].

Colloids & Surfaces B Biointerfaces, 2012(89): 79-85.

[66] CHUAH S, PAN Z, SANJAYAN J G, et al. Nano reinforced cement and concrete composites and new perspective from graphene oxide[J]. Construction and Building materials, 2014(73): 113-124.

[67] 王启睿, 贺永胜, 谢晓庚, 等. 搅拌工艺对超高性能混凝土工作性和力学性能的影响[J]. 混凝土与水泥制品, 2022 (8): 16-21.

[68] NOWAK A, RAKOCZY A. Statistical model for compressive strength of lightweight concrete[J]. Archit. Civ. Eng. Environ, 2011(4): 73-80.

[69] NEWMAN J B. Properties of structural lightweight aggregate concrete[J].// Structural lightweight aggregate concrete. CRC Press: Taylor & Francis Group, 1993: 19.

[70] METHA P K, MONTEIRO P J M. Concrete: microstructure, properties and materials[M]. New York: McGraw-Hill Professional, 2014.

[71] CHU H, ZHANG Y, WANG F, et al. Effect of Graphene Oxide on Mechanical Properties and Durability of Ultra-High-Performance Concrete Prepared from Recycled Sand[J]. Nanomaterials, 2020, 10(9): 1718.

[72] AITCIN P C, HADDAD G, MORIN R. Controlling Plastic and Autogenous Shrinkage in High-Performance Concrete Structures by an Early Water Curing[J]. 2004(220): 69-82.

[73] SHAFIGH P, CHAI L J, MAHMUD H B, et al. A comparison study of the fresh and hardened properties of normal weight and lightweight aggregate concretes[J]. Journal of building Engineering, 2018(15): 252-260.

[74] EVANGELISTA A C J, TAM V W Y. Properties of high-strength lightweight concrete using manufactured aggregate[J]. Proceedings of the Institution of Civil Engineers-Construction Materials, 2020, 173(4): 157-169.

[75] DOMAGAŁA L. Modification of properties of structural lightweight concrete with steel fibres[J]. Journal of Civil Engineering and Management, 2011, 17(1): 36-44.

[76] SHETTY M S, JAIN A K. Concrete Technology (Theory and Practice), 8e[M]. S. Chand Publishing, 2019.

[77] OMAR W, MOHAMED R N. The performance of pretensioned prestressed concrete beams made with lightweight concrete[J]. Malaysian Journal of Civil Engineering, 2002, 14(1)：1-10.

[78] 蔡正咏，李世绮. 路面水泥混凝土抗折强度的经验关系[J]. 中国公路学报，1992（1）：14-20.

[79] SHAFIGH P, JUMAAT M Z, MAHMUD H B, et al. Lightweight concrete made from crushed oil palm shell: Tensile strength and effect of initial curing on compressive strength[J]. Construction and Building Materials, 2012, 27(1): 252-258.

[80] LO T Y, TANG W C, NADEEM A. Comparison of carbonation of lightweight concrete with normal weight concrete at similar strength levels[J]. Construction and Building Materials, 2008, 22(8): 1648-1655.

[81] COMITÉ euro. Lightweight aggregate concrete: CEB/FIP manual of design and technology[J]. The Construction Press, 1977.

[82] ZHANG M H, GJVORV O E. Mechanical properties of high-strength lightweight concrete[J]. Materials Journal, 1991, 88(3): 240-247.

[83] SHORT, Andrew. Lightweight concrete/-3rd ed[M]. Applied Science Publishers Ltd, 1978.

[84] KOCKAL N U, OZTURAN T. Strength and elastic properties of structural lightweight concretes[J]. Materials & Design, 2011, 32(4): 2396-2403.

[85] HAQUE M N. Some concretes need 7 days initial curing[J]. Concrete International, 1990, 12(2): 42-46.

[86] 刘胜兵，徐礼华. 混杂纤维对高性能混凝土拉压比的影响[J]. 武汉工程大学学报，2012，34（9）：17-21.

[87] NEVILLE A M. Properties of concrete[M]. London: Longman, 1995.

[88] KHAN M I, LYNSDALE C J. Strength, permeability, and carbonation of

high-performance concrete[J]. Cement and Concrete Research, 2002, 32(1): 123-131.

[89] GESOGLU M, OZTURAN T, GüNeyisi E. Shrinkage cracking of lightweight concrete made with cold-bonded fly ash aggregates[J]. Cement and concrete research, 2004, 34(7): 1121-1130.

[90] BABU D S, BABU K G, WEE T H. Properties of lightweight expanded polystyrene aggregate concretes containing fly ash[J]. Cement and concrete research, 2005, 35(6): 1218-1223.

[91] HOLM T A, BREMNER T W. State-of-the-Art Report on High-Strength, High-Durability Structural Low-Density Concrete for Applications in Severe Marine Environments[J]. 2000.

[92] MIRJANA MALEŠEV, Radonjanin V, IVAN L, et al. The Effect of Aggregate, Type and Quantity of Cement on Modulus of Elasticity of Lightweight Aggregate Concrete[J]. Arabian Journal for Science and Engineering, 2014, 39(2): 705-711.

[93] British Standards Institute. Structural Use of Concrete[J]. 1985.

[94] ALENGARAM U J, MAHMUD H, JUMAAT M Z. Enhancement and prediction of modulus of elasticity of palm kernel shell concrete[J]. Materials & Design, 2011, 32(4): 2143-2148.

[95] 张苑竹. 混凝土结构耐久性检测、评定及优化设计方法[D]. 杭州：浙江大学，2003.

[96] 贡金鑫. 钢筋混凝土结构基于可靠度的耐久性分析[D]. 大连：大连理工大学，1999.

[97] 王晓飞. 高强高性能混凝土配合比优化设计[D]. 西安：西安建筑科技大学，2012.

[98] 杨春. 基于抗氯离子渗透性的高性能混凝土配合比优化设计研究[D]. 南京：南京林业大学，2013.

[99] 宋立元. 海洋钢筋混凝土结构氯离子腐蚀耐久性研究[D]. 大连：大连

理工大学，2009.

[100] COLLEPARDI M. A discussion of the paper, "Influence of high temperature and low humidity curing on chloride penetration in blended cement concrete," by J. M. Khatib and P. S. Mangat[J]. Cement & Concrete Research, 2003, 33(10): 1703-1703.

[101] MANGAT P S, LIMBACHIYA M C. Effect of initial curing on chloride diffusion in concrete repair materials[J]. Cement & Concrete Research, 1999, 29(9).

[102] 关博文，杨涛，於德美，等．干湿循环作用下钢筋混凝土氯离子侵蚀与寿命预测[J]．材料导报，2016，30（20）：152-157.

[103] 延永东，金伟良，王海龙．饱和状态下开裂混凝土内的氯离子输运[J]．浙江大学学报（工学版），2011，45（12）：2127-2133.

[104] 范颖芳．受腐蚀钢筋混凝土构件性能研究[D]．大连：大连理工大学，2002.

[105] 方毅．混凝土抗氯离子渗透性能试验方法研究及工程案例分析[D]．杭州：浙江大学，2018.

[106] LUPING T, NILSSON L O. Chloride diffusivity in high strength concrete at different ages[J]. Nordic Concrete Research Publication, 1992.

[107] METHA P K, GJØRV O E. Properties of portland cement concrete containing fly ash and condensed silica-fume[J]. Cement and Concrete research, 1982, 12(5): 587-595.

[108] JOHANNESSON B. Dimensional and ice content changes of hardened concrete at different freezing and thawing temperatures[J]. Cement and Concrete Composites, 2010, 32(1): 73-83.

[109] 吕卫国．钢纤维陶粒混凝土力学性能及抗硫酸盐侵蚀试验研究[D]．广州：广州大学，2018.

[110] 张淑媛．复杂环境下混凝土硫酸盐侵蚀机理[D]．青岛：青岛理工大学，2014.

[111] GONZALEZ M A, IRASSAR E F. Ettringite formation in low C3A Portland cement exposed to sodium sulfate solution[J]. Cement and Concrete Research, 1997, 27(7): 1061-1071.

[112] BUCEA L, KHATRI R, SIRIVIVATNANON V. Chemical and physical attack of salts on concrete[J]. UrbanSalt 2005 Conference, 2005, 10(3): 1-16.

[113] BELLMANN F, MÖSER B, STARK J. Influence of sulfate solution concentration on the formation of gypsum in sulfate resistance test specimen[J]. Cement and Concrete Research, 2006, 36(2): 358-363.

[114] POWERS T C. A working hypothesis for further studies of frost resistance of concrete[J]. Journal of the American Concrete Institute, 1945, 16(4): 245-272.

[115] POWERS T C, HELMUTH R A. Theory of Volume Changes in Hardened Portland Cement Paste During Freezing[J]. Highway Research Board Proceedings, 1953, 32: 285-297.

[116] 于泽. 严寒地区桥梁结构高性能混凝土耐久性研究[D]. 长春：吉林大学，2017.

[117] 吴昊天. 铁尾矿砂混凝土冻融循环破坏机理[D]. 抚顺：辽宁石油化工大学，2021.

[118] MEHTA P K, SCHIESSL P, RAUPACH M. Performance and durability of concrete systems[J]. Proceedings of 5th International Congress on the Chemistry of Cement. 1992, 9(1): 571-659.

[119] 黄士元，蒋家奋，杨南如. 近代混凝土技术[M]. 西安：陕西科学技术出版社，1998.

[120] 冯乃谦. 高性能混凝土的发展与应用[J]. 施工技术，2003（4）：1-6.

[121] 岸谷孝一. 钢筋混凝土的耐久性[M]. 日本：鹿岛建设技术研究所出版部，1963.

[122] BABUSHKIN V I, MATVEEVG, MCHEDLOV-PETROSYAN. Thermody-namics of silicates[M]. Berlin: Springer-Verlag, 1985.

[123] 张海燕，李光宇，袁武琴. 混凝土碳化试验研究[J]. 中国农村水利水电，2006（8）：78-81.

[124] 朱蓓蓉. 粉煤灰对水泥砂浆中钢筋锈蚀性能的影响[D]. 上海：同济大学，1992.

[125] 杨军. 混凝土的碳化性能与气渗性能研究[D]. 青岛：山东科技大学，2004.

[126] 阿列克谢耶夫. 钢筋混凝土中钢筋腐蚀与保护[M]. 黄可信，吴兴祖，译. 北京：中国建筑工业出版社，1983.

[127] 朱安民. 混凝土碳化与钢筋混凝土耐久性[J]. 混凝土，1992（6）：18-22.

[128] 邸小坛，周燕. 混凝土结构的耐久性设计方法[J]. 建筑科学，1997（1）：16-20.

[129] 张等. 轻集料混凝土抗渗及抗碳化性能研究[J]. 湖南交通科技，2015，41（2）：136-138.

[130] LO T Y, LIAO W, WONG C K, et al. Evaluation of carbonation resistance of paint coated concrete for buildings[J]. Construction and Building Materials, 2016(107): 299-306.

[131] MEDINA N F, BARLUENGA G, HERNANDEZ-OLIVARES F. Enhancement of durability of concrete composites containing natural pozzolans blended cement through the use of Polypropylene fibers[J]. Composites Part B Engineering, 2014, 61(5): 214-221.

[132] 苗航. 氧化石墨烯再生混凝土的抗氯离子与抗碳化性能研究[D]. 沈阳：沈阳建筑大学，2020.

[133] 徐飞. 混凝土抗碳化性能的定量设计及其服役寿命研究[D]. 南宁：广西大学，2014.

[134] 方璟，梅国兴，陆采荣. 影响混凝土碳化主要因素及钢锈因素试验研究[J]. 混凝土，1993（2）：35-43.

[135] 蒋利学，张誉，刘亚芹，等. 混凝土碳化深度的计算与试验研究[J]. 混凝土，1996（4）：12-17.

[136] 周霄. 高性能氧化石墨烯混凝土力学性能及收缩徐变研究[D]. 重庆：重庆交通大学，2019.

[137] JI T, ZHENG D D, CHEN X F, et al. Effect of prewetting degree of ceramsite on the early-age autogenous shrinkage of lightweight aggregate concrete[J]. Construction and Building Materials, 2015(98): 102-111.

[138] LO T Y, TANG W C, NADEEM A. Comparison of carbonation of lightweight concrete with normal weight concrete at similar strength levels[J]. Construction and Building Materials, 2008, 22(8): 1648-1655.

[139] PERSSON B. Experimental studies on shrinkage of high-performance concrete[J]. Cement and Concrete Research, 1998, 28(7): 1023-1036.

[140] 王怡瑄. 中等强度绿色混凝土干燥收缩实验研究[D]. 济南：山东建筑大学，2021.

[141] 吴学利. 混凝土强度和干燥收缩预测模型的研究[D]. 北京：中国建筑科学研究院，2008.

[142] WONGKEO W, THONGSANITGARN P, CHAIPANICH A. Compressive strength and drying shrinkage of fly ash-bottom ash-silica fume multi-blended cement mortars[J]. Materials & Design, 2012, 36(4): 655-662.

[143] 桂海清，葛炜，王周松，等. 高强高性能混凝土的体积稳定性[J]. 材料科学与工程学报，2003（3）：460-463.

[144] 田倩. 低水胶比大掺量矿物掺合料水泥基材料的收缩及机理研究[D]. 南京：东南大学，2006.

[145] 郑矗鹏. 高强与高性能混凝土的抗裂影响因素及理论分析[D]. 福州：福州大学，2003.

[146] WITTMANN F. Surface tension skrinkage and strength of hardened cement paste[J]. Matériaux et Construction, 1968, 1: 547-552.

[147] 安明喆，朱金铨，覃维祖. 高性能混凝土的自收缩问题[J]. 建筑材料学报，2001（2）：159-166.

[148] 李清富，郑连群，靳九贵，等．高性能混凝土断裂性能与耐久性能试验研究[M]．北京：人民交通出版社，2015．

[149] SATISH C, BERNTSSON L. Lightweight aggregate concrete: science, technology and applications[M]. Noyes, 2002.

[150] 王武祥，刘立，尚礼忠，等．再生混凝土集料的研究[J]．混凝土与水泥制品，2001（4）：9-12．

[151] ZIA P, AHMAD S, LEMING M. High-performance Concretes, a State-of-art Report (1989-1994)[R]. US Department of Transportation. Federal Highway Administration, Research, Development, and Technology. Turner-Fairbank Highway Research Center, 1997.

[152] KAYALI O, HAQUE M N, ZHU B. Drying shrinkage of fibre-reinforced lightweight aggregate concrete containing fly ash[J]. Cement and concrete research, 1999, 29(11): 1835-1840.

[153] LI W, LI X, CHEN S J, et al. Effects of nanoalumina and graphene oxide on early-age hydration and mechanical properties of cement paste[J]. Journal of Materials in Civil Engineering, 2017, 29(9): 04017087.

[154] 彭香明，陈瑜．混凝土干燥收缩研究进展[J]．粉煤灰综合利用，2017（1）：60-64．

[155] CEB 欧洲国际混凝土委员会．1990 年 CEB-FIP 模式规范（混凝土结构）[S]．中国建筑研究院结构所规范室，译．1991，12：57-70．

[156] ACI Committee 209 (1992). Prediction of creep, shrinkage, and temperature effects in concrete structures[S]. Manual of concrete practice, Part 1. American Concrete Institute, 209R 1-92.

[157] SAKATA K, TSUBAKI T, INOUE S, et al. Prediction equations of creep and drying shrinkage strain for wide-ranged strength concrete[J]. Doboku Gakkai Ronbunshu, 2001, 2001(690): 1-19.

[158] GARDNER N J, LOCKMAN M J. Design provisions for drying shrinkage and creep of normal-strength concrete[J]. Materials journal, 2001, 98(2):

159-167.

[159] BAZANT Z P, MURPHY W P. Creep and shrinkage prediction model for analysis and design of concrete structures-model B3[J]. Matériaux et constructions, 1995, 28(180): 357-365.

[160] 龚洛书，惠满印，杨蓓. 砼收缩与徐变的实用数学表达式[J]. 建筑结构学报，1988（5）：37-42.

[161] 韩宇栋，张君，岳清瑞，等. 现代混凝土收缩研究评述[J]. 混凝土，2019（2）：1-12，16.

[162] 韩伟威，吕毅刚. 混凝土收缩徐变预测模型试验研究[J]. 中南大学学报（自然科学版），2016，47（10）：3515-3522.

[163] 王雷. C60 高强混凝土干燥收缩试验研究[D]. 桂林：桂林理工大学，2018.

[164] SIRTOLI D, WYRZYKOWSKI M, RIVA P, et al. Shrinkage and creep of high-performance concrete based on calcium sulfoaluminate cement[J]. Cement and Concrete Composites, 2019(98): 61-73.

[165] BAZANT Z P, KIM J K, PANULA L. Improved prediction model for time-dependent deformations of concrete: Part 1-Shrinkage[J]. Materials and structures, 1991(24): 327-345.

[166] 丁文胜，吕志涛，孟少平，等. 混凝土收缩徐变预测模型的分析比较[J]. 桥梁建设，2004（6）：13-16.

[167] 潘钻峰，吕志涛，刘钊，等. 高强混凝土收缩徐变试验及预测模型研究[J]. 公路交通科技，2010，27（12）：10-15，32.

[168] GARDNER N J, ZHAO J W. Creep and shrinkage revisited[J]. Materials Journal, 1993, 90(3): 236-246.

[169] 杨小兵. 混凝土收缩徐变预测模型研究[D]. 武汉：武汉大学，2004.

[170] AL-SALEH S A. Comparison of theoretical and experimental shrinkage in concrete[J]. Construction and Building Materials, 2014(72): 326-332.

[171] LAM J P. Evaluation of concrete shrinkage and creep prediction models[D].

San Jose: San Jose State University, 2002.

[172] 钱春香，王辉，何智海. 高强混凝土收缩尺寸效应及预测模式修正方法[J]. 混凝土与水泥制品，2012（2）：1-5.

[173] 杨健辉，汪洪菊，王建生，等. 高强混凝土收缩徐变试验及模型比较分析[J]. 工业建筑，2015，45（3）：120-125.

[174] 齐金振，朱劲松. 混凝土收缩徐变 B3 模型的修正与验证[J]. 河北工业大学学报，2016，45（3）：100-108.

[175] 黄侨，胡世翔，陈晓强. 混凝土收缩预测模型修正方法研究及验证[A]. 中国土木工程学会桥梁及结构工程分会. 第二十届全国桥梁学术会议论文集（下册）[C]. 中国土木工程学会桥梁及结构工程分会：中国土木工程学会，2012：7.

[176] 张欢，王玉银，耿悦，等. 考虑基体混凝土抗压强度影响的再生粗（细）骨料混凝土干燥收缩模型[J]. 建筑结构学报，2020，41（12）：156-164.

[177] 韩国波，刘叩辉，梅生启. 高强轻骨料混凝土收缩徐变模型对比分析[J]. 北京交通大学学报，2015，39（6）：75-79.

[178] 沈东，王吉坤，占玉林，等. 早强低收缩混凝土早期收缩性能及预测模型[J]. 公路交通科技，2022，39（9）：84-92.

[179] 夏旭东. 高强轻骨料混凝土收缩变形性能试验研究[D]. 沈阳：沈阳工业大学，2022.

[180] MUSHTAQ S M, SIDDIQUE R, GOYAL S, et al. Experimental studies and drying shrinkage prediction model for concrete containing waste foundry sand[J]. Cleaner Engineering and Technology, 2021, 2: 100071.

[181] BENSTED J, BARNES P. Structure and Performance of Cements[M]. London: Applied Science Pub, 1983: 140-143.

[182] 西安建筑科技大学等合编. 建筑材料[M]. 4 版. 北京：中国建筑工业出版社，2013.

[183] 吴中伟. 混凝土科学技术的反思[J]. 混凝土及加筋混凝土，1988（6）：4-6.

[184] 吴中伟. 绿色高性能混凝土与科技创新[J]. 建筑材料学报，1998（1）：3-9.

[185] WITTMANN F H. Properties of hardened cement paste[C]. Congress on the Chemistry of Cement. 1980, I: 1-16.

[186] 吴中伟，廉慧珍. 高性能混凝土[M]. 北京：中国铁道出版社，1999.

[187] 于晟. 基于人工神经网络的混凝土孔结构与强度关系研究[D]. 杭州：浙江大学，2006.

[188] POWERS T C, BROWNYARD T L. Studies of the physical properties of hardened Portland cement paste[C]. Journal Proceedings, 1946, 43(9): 101-132.

[189] 赵铁军. 混凝土抗渗性[M]. 北京：科学出版社，2006.

[190] FELDMAN R F, SEREDA P J. A new model for hydrated Portland cement and its practical implications[J]. Engineering Journal, 1970, 53(8-9): 53-59.

[191] 张金喜，金珊珊. 水泥混凝土微观孔隙结构及其作用[M]. 北京：科学出版社，2014.

[192] 孙家瑛，龙奕珍. 土木工程材料[M]. 西安：西北工业大学出版社，2022.

[193] FERET R. discussion, "The Laws of Proportioning Concrete,"[J]. Transactions, American Society of Civil Engineers, 1907(59): 154.

[194] BALSHIN M Y. Relation of mechanical properties of powder metals and their porosity and the ultimate properties of porous metal-ceramic materials[C]. Dokl Akad Nauk SSSR, 1949, 67(5): 831-834.

[195] RYSHKEWITCH E. Compression strength of porous sintered alumina and zirconia: 9th communication to ceramography[J]. Journal of the American Ceramic Society, 1953, 36(2): 65-68.

[196] SCHILLER K K. Mechanical properties of non-metallic brittle materials[J]. Cement and Concrete Research, 1991(2): 35-42.

[197] HASSELMAN D P H. Relation between effects of porosity on strength and on Young's modulus of elasticity of polycrystalline materials[J]. J Am

Ceram Soc, 1963, 46: 564-565.

[198] HANSEN T C. Cracking and fracture of concrete and cement paste[J]. Special Publication, 1968(20): 43-66.

[199] 冯乃谦. 高性能混凝土结构[M]. 北京：机械工业出版社，2004.

[200] MEHTA P K. Pore size distribution and permeability of hardened cement pastes[C]. 7th Int. Congress on Cement Chemistry, 1980: VII-1-VII-5.

[201] JAMBOR J. Pore structure and strength development of cement composites[J]. Cement and Concrete Research, 1990, 20(6): 948-954.

[202] RÖβLer M, ODLER I. Investigations on the relationship between porosity, structure and strength of hydrated portland cement pastes I. Effect of porosity[J]. Cement and Concrete Research, 1985, 15(2): 320-330.

[203] ATIZE C, MASSIDDA L. Effect of pore size distribution on strength of hardened cement paste [J]. Cement and Concrete Research, 1986, 1: 56.

[204] 何晓雁. 普通混凝土耐久性研究[D]. 呼和浩特：内蒙古工业大学，2005.

[205] GARBOCZI E J. Permeability, diffusivity, and microstructural parameters: a critical review[J]. Cement and concrete research, 1990, 20(4): 591-601.

[206] KATZ A J, THOMPSON A H. Prediction of rock electrical conductivity from mercury injection measurements[J]. Journal of Geophysical Research: Solid Earth, 1987, 92(B1): 599.

[207] CHRISTENSEN B J, MASON T O, JENNINGS H M. Comparison of measured and calculated permeabilities for hardened cement pastes[J]. Cement & Concrete Research, 1996, 26(9): 1325-1334.

[208] MEHTA P K. Studies on blended Portland cements containing Santorin earth[J]. Cement and Concrete Research, 1981, 11(4): 507-518.

[209] NOKKEN M R. Development of discontinuous capillary porosity in concrete and its influence on durability. [D]. Toronto: University of Toronto (Canada), 2004.

[210] 冯志龙. 混凝土的干缩机理研究[J]. 应用能源技术，2008（11）：12-14.

[211] WASHBURN E W. Note on a Method of Determining the Distribution of Pore Sizes in a Porous Material[J]. Proceedings of the National Academy of Sciences of the United States of America, 1921, 7(4): 115-116.

[212] JULIE, RUSSIAS, FABIEN, et al. Incorporation of Aluminum into C-S-H Structures: From Synthesis to Nanostructural Characterization[J]. Journal of the American Ceramic Society, 2008, 91(7): 2337-2342.

[213] 张建明. 铝掺杂的水化硅酸钙结构及微观形貌研究[D]. 武汉：武汉理工大学，2011.

[214] TAYLOR H F W. Proposed Structure for Calcium Silicate Hydrate Gel[J]. Journal of the American Ceramic Society, 2010, 69(6): 464-467.

[215] 袁润章. 胶凝材料学[M]. 武汉：武汉工业大学出版社，1996.

[216] 吕生华，马宇娟，邱超超，等. 氧化石墨烯对水泥水化晶体形貌的调控作用及对力学性能的影响[J]. 功能材料，2013，44（10）：1487-1492.

[217] 吕生华，雷颖，朱琳琳，等. 改性氧化石墨烯对轻质水泥基复合材料结构及性能的影响[J]. 陕西科技大学学报，2018，36（6）：129-135，146.

[218] 吕生华，孙婷，刘晶晶，等. 氧化石墨烯纳米片层对水泥基复合材料的增韧效果及作用机制[J]. 复合材料学报，2014，31（3）：644-652.

[219] LV S H, DENG L J, YANG W Q, et al. Fabrication of polycarboxylate/graphene oxide nanosheet composites by copolymerization for reinforcing and toughening cement composites[J]. Cement and Concrete Composites, 2016, 66: 1-9.